ALBERCA FRANCISCO

BIOETICA
SCIENZA E TECNOLOGIA AL SERVIZIO DELLA UMANITÀ

Edizione 2022

PRODUZIONE, CRIOCONSERVAZIONE E ADOZIONE DI EMBRIONI UMANI

EDIZIONE ITALIANA
Gennaio 2022

Alberca Francisco,
Laureato in Filosofia e Dottore di Ricerca (PhD) in Bioetica,
con specializzazione in Ingegneria Genetica
E-Mail: albercafrancisco@live.com

Per acquistarlo:
www.lulu.com/spotlight/franciscoalbercamerino
Disponibile anche in E-Book (Formato PDF)

ISBN: 978-1-71668-653-5

Dott. Alberca Francisco

DATI PERSONALI:
Nato in Ecuador il 21 Marzo 1966, adesso risiedo in Italia. Sposato con due figli.

ISTRUZIONE:
➢ Ho fatto i miei studi di livello medio nella specializzazione di Chimica e Biologia. Con questo Baccalaureato sono entrato nell'UNIVERSITÀ DI GUAYAQUIL, Facoltà di Scienze Chimiche, Scuola di Biochimica e Farmacia, dove ho fatto quattro anni di Dottorato.

➢ Baccalaureato in Filosofia presso il SEMINARIO MAYOR "REINA DEL CISNE" di Loja, dal 1989 al 1991.

➢ Laurea in Filosofia (Teoria della Conoscenza), presso la PONTIFICIA UNIVERSITÀ GREGORIANA di Roma dal, 1991 al 1993.

➢ Baccalaureato in Teologia presso la PONTIFICIA UNIVERSITÀ REGINA APOSTOLORUM di Roma, dal 1993 al 1996.

➤ Dottorato di Ricerca in Bioetica, presso l'ISTITUTO DI BIOETICA DELL'UNIVERSITÀ CATTOLICA DEL SACRO CUORE, FACOLTÀ DI MEDICINA E CHIRURGIA "AGOSTINO GEMELLI" di Roma dal 2000 al 2004.

➤ Diploma di MEDIATORE INTERCULTURALE, Roma 2018

LINGUE STRANIERE:

➤ Spagnolo; Lingua madre.

➤ Italiano; Conoscenza: ottima (studiata a Roma).

➤ Inglese; Conoscenza: buona (studiata in liceo e a Wimbledon School of English, Londra).

ATTIVITÀ PROFESSIONALE:

➤ Laboratorio Farmaceutico "H.G." de Guayaquil, dipartimento di Controllo di Qualità, dal 1987-1989.

➤ Professore di Filosofia, Teoria della Conoscenza e Bioetica nel Seminario Maggiore "Reina del Cisne", dal 1996- al 2000.

➤ Professore di Filosofia del Diritto e d'Etica e Diritti Umani nell'Università di Loja (UTPL), dal 1997 al 2000.

➤ Ricercatore in Bioetica presso l'Istituto di Bioetica dell'Università Cattolica "Sacro Cuore" Facoltà di Medicina e Chirurgia "Agostino Gemelli" di Roma, dal 2000 al 2004.

➤ Dal 2005 al 2009, ho lavorato nell'Istituto il Girasole. Istituto dedicato alla cura di bambini "speciali", dove s'impartiscono sedute di fisioterapia, logopedia, e altre.

➤ Dal 2010, ho lavorato nella revisione dello Statuto Aziendale di BIOSINTERNATIONAL e poi nella programmazione e realizzazione dei corsi di formazione aziendale organizzati da BIOSINTERNATIONAL con sede a Roma.

➤ Dal 2012, Professore di Bioetica: Biotecnologie ed Ingegneria Genetica, presso la PONTIFICIA UNIVERSITÀ

4

REGINA APOSTOLORUM di Roma (UNIVERSITÀ EUROPEA DI ROMA).

> Dal 2014 Vicario della Chiesa de San Paolo entro le Mura di Roma.
> Dal 2020 Professore di Teologia presso la Pontificia Università Lateranense di Roma.

INDICE

INTRODUZIONE

Anni fa, nella mente degli scienziati nacque un sogno: voler "fabbricare uomini", e nel 1978, si avvera una specie di profezia e cioè nasce il primo essere umano, "fatto" in laboratorio. Si chiama Louise Brown, una donna prodotta con la fecondazione in vitro. Così è cominciata una nuova era nel mondo delle biotecnologie, quella delle vite umane fabbricate in laboratorio.

Ciò, per la scienza e sicuramente una conquista, la quale rappresenta il dominio dell'uomo sulla vita umana. In tale ambito, sta anche la possibilità della manipolazione genetica, un processo con il quale la scienza avrà il potere di decidere e determinare il tipo di bambini e bambine da dare al mondo, da produrre e quindi da fare.

Per mezzo della decodificazione dei geni oggi è tecnicamente possibile la conoscenza, per così dire, dettagliata d'ogni componente genetico; attualmente possono essere riconosciuti più di 800 geni dei circa 100.000 che è il totale del quale sta formato il corredo genetico dell'essere umano,

*"Possiamo adeguatamente definire il gene come quel tratto della molecola del DNA che contiene l'informazione riguardante una proteina. La sua funzione principale consiste nel controllare e guidare la **sintesi** delle proteine, principali agenti della specificità e dell'individualità biologiche. Ne consegue che il DNA, in quanto molecola costitutiva del materiale ereditario, è il depositario della specialità e dell'individualità biologiche. Manipolare il DNA significa interferire a livello della struttura biologica di base che caratterizza ogni organismo vivente della sua specie e individualità, e che nel caso dell'uomo, caratterizza l'identità biologica stessa della persona"*[1].

Lo sviluppo della medicina in tal senso è stato visto come qualcosa per vincere il problema della sterilità e attualmente persino chi soffre di gravi problemi legati alla fertilità, può avere un figlio. Ma, è di domandarsi: è questo il modo più giusto per vincere questo grande e vecchio dramma?

---

[1] BROVEDANI E., *L'ingegneria genetica. Aspetti scientifico-tecnici*, in "Aggiornamenti Sociali", 1996, p. 528. Per una migliore comprensione degli aspetti scientifici vedere: SIRONI G., (a cura di),
Genetica, Letture da "Le scienze", Milano 1982; ALBERTS, B., - WATSON, J. D., *Biologia molecolare della cellula*, Bologna 1984; CIROTTO C., *Ingegneria genetica*, In: CIROTTO C., - PRIVITERA S., *La sfida dell'ingegneria genetica tra scienza e morale*, Assisi 1985, pp. 7-120.

Questa alta tecnologia prevede la possibilità eugenetica, per cui si prendono cellule della morula per poi procedere alle diverse analisi (analisi chiamate diagnosi preimpianto)[2] e se, per sfortuna di questo essere vivo nei primi stadi della sua vita, dalle analisi emerge che soffre di una qualsiasi malattia o è portatore di un qualsiasi difetto, esso viene subito scartato.

Tutti questi sviluppi scientifici, secondo il parere di non pochi, sono stati una sorta di liberazione dalla stretta unione tra sesso e procreazione, un'unione che oggi non c'è più, perché si possono avere figli senza fare sesso.

Sorge dunque una seria preoccupazione che deve essere accompagnata da una riflessione altrettanto seria; perché, intanto, si possono comprovare delle pratiche inquietanti, come per esempio la produzione di creature fra due specie, ancora del tutto sperimentale, creazione di maiali con geni d'uomo, per avere organi disponibili per i trapianti.

È a questo punto che sorgono dei veri problemi, siano essi giuridici, sociali, religiosi, psicologici, ma spesso affettivi, anche perché si assiste a pratiche non solo inquietanti, ma aberranti dai diversi punti di vista.

Un altro aspetto che preoccupa è la manipolazione genica degli embrioni; il gran progetto "**genoma umano**" soleva altrettanto grandi interrogativi nel mondo etico. Davanti a questa realtà non si può essere indifferenti alle parole di Giovanni Paolo II, il quale in un convegno di medici affermava:

---

[2] DI PIETRO M.L. – GIULI A. – SERRA A., *La diagnosi preimpianto*, In: «Medicina e Morale» 2004/3, pp. 469-500.

"lo sviluppo della scienza soffre di un'ambivalenza di fondo: mentre da una parte consente all'uomo di prendere in mano il proprio destino, lo espone dall'altra alla tentazione di andare oltre i limiti di un ragionevole dominio della natura, mettendo a repentaglio la stessa sopravvivenza e l'integrità della persona umana"[3].

L'Ingegneria Genetica, sulla base della conoscenza della struttura chimico-fisica del DNA e del funzionamento di questo materiale genetico, ha sviluppato una serie di terapie, che vanno soprattutto ad incidere direttamente sulla informazione genetica che si trova in questo materiale.

È a questo punto che si deve aver chiaro che cosa sia e a cosa serva l'ingegneria genetica. Il Professor Serra afferma:

"è l'insieme delle tecniche con qui si possono dare ad una cellula caratteristiche genetiche che altrimenti non avrebbe"[4].

L'Ingegneria genetica, per mezzo delle tecniche della fecondazione in vitro produce gli embrioni, alcuni dei quali saranno trasferiti in un utero, altri usati nella

---

[3] GIOVANNI Paolo II, Discorso ai Partecipanti all'81° Congresso della Società Italiana di Medicina Interna e all'82° Congresso di Chirurgia Generale del 27 Ottobre 1980 "Osservatore Romano" del 28 Ottobre 1980, p. 1.

[4] SERRA A., *Interrogativi etici dell'ingegneria genetica*, In: "Medicina e Morale", 34, 1984, p. 306. Leggere anche: BOMPIANI A., *Problemi biologici e clinici dell'ingegneria genetica*, In: AA.VV., *Bambini in provetta (Inseminazione artificiale e fertilizzazione in vitro)*, Roma 1986, p. 43.

sperimentazione e altri congelati. La terapia che viene più utilizzata è la **FIVET** e cioè: "Fecondazione In vitro per Trasferimento di Embrioni". Essa prevede anche nuove tecniche, come la micromanipolazione dei gameti, che altra non è che la fecondazione in vitro con moderni e sofisticati metodi.

Nel campo della Bioetica, le domande a cui si deve dare risposta sono soprattutto queste:

> ➤ Perché e quando la vita merita rispetto e tutela?
> ➤ Fino a che misura e a che punto è morale per l'uomo disporre della vita?
> ➤ La dignità dell'uomo e i diritti umani in cosa si fondano?
> ➤ Cosa è l'uomo e quali sono i suoi diritti?

Tutti questi interrogativi non sono certamente nuovi per la filosofia. Da sempre, infatti, la filosofia ha cercato di rispondere con argomentazioni concettuali e razionali a tutte queste domande esistenziali e si è sforzata di attribuire il vero valore alla vita e all'esistenza dell'uomo.

N'ostante le molte argomentazioni addotte lungo lo sviluppo del pensiero umano, gli stessi interrogativi continuano a risuonare nell'intelletto dell'uomo odierno con estrema attualità e forse, direi, con più intensità e preoccupazione, a causa dello sviluppo esagerato e, in un certo senso, senza controllo della scienza e della tecnologia, che spesso ignorano i principi fondamentali del rispetto della vita in genere.

Lo sviluppo, talvolta incontrollabile della scienza e delle applicazioni tecnologiche in biomedicina, costringe a cercare di porre un limite, e così si pone il problema della liceità dell'intervento tecnologico-scientifico dell'uomo sulla vita umana e si cerca di dare una risposta per quanto riguarda l'utilizzo delle nuove tecniche d'intervento artificiale sulla vita.

Il concetto di persona, dall'antichità fino ad oggi è stato oggetto di riflessioni. Esso si presenta all'uomo pos-moderno, cioè a noi, con una serie di ambiguità. In Bioetica e nel Biodiritto il concetto di persona si utilizza spesso in modo superficiale, senza un'accurata riflessione sull'essere ontologico della stessa persona. Si tratta di riflessioni empiriche che arrivano a giustificare diversi comportamenti e diversi modi di trattare le persone sul piano morale e giuridico.

Così stiamo assistendo ad un cambiamento nel modo di concepire la persona nell'ambito della Bioetica e del Biodiritto, proprio a causa delle attuali esigenze sperimentali della scienza e della tecnologia, dove purtroppo non tutti gli esseri umani sarebbero persone e non tutte le persone sarebbero esseri umani.

Non c'è dubbio che stiamo vivendo in un tempo di grandi, per non dire straordinari sviluppi in special modo nel campo delle scienze biologiche e genetiche. Perciò oggi parlare di bioetica è diventato un compito imprescindibile e necessario e, senz'altro, difficile. I mass media ci informano ogni giorno di nuove scoperte e nuove imprese biotecnologiche. Ma dobbiamo domandarci se il linguaggio e i termini con i quali queste scoperte vengono chiamate siano corretti, dato che al livello teorico non mancano equivoci, soprattutto in riferimento alla possibilità di una chiara giustificazione razionale della norma etica.

Davanti a non pochi equivoci, la complessità dello statuto epistemologico della bioetica e del Biodiritto si trova senz'altro di fronte a seri problemi che dimostrano la "crisi" che stanno attraversando i principi e i valori che da sempre l'etica e il diritto hanno difeso.

È una necessità che la bioetica non rimanga soltanto nell'etica applicata, ma che si apre alla realtà speculativo-teoretica e che anche il diritto ricerchi, nei suoi principi costitutivi, le risposte alle nuove domande, tematizzando e giustificando organicamente in modo sistematico le proprie conclusioni in modo da orientare chi deve dare una risposta a uno sfrenato sviluppo della scienza e della tecnica nel campo Biomedico.

Ormai si conoscono i traguardi della sperimentazione sull'uomo, cominciando dagli espianti e trapianti d'organi, di tessuti e di diverse sostanze umane, clonazione, accanimento terapeutico, eutanasia, per passare poi alla fabbricazione d'animali o di specie trasgeniche, alla procreazione artificiale di dove provengono i così detti embrioni umani in sopranumero, alla crioconservazione d'embrioni umani, manipolazione genetica, aborto, ecc.

"Insidie ricorrenti minacciano la vita nascente. Il lodevole desiderio di avere un figlio spinge talora a superare frontiere invalicabili. Embrioni generati in soprannumero, selezionati, congelati, vengono sottoposti a sperimentazione distruttiva e destinati alla morte con decisione premeditata. Consapevoli della necessità di una legge che difenda i diritti dei figli concepiti, come Movimento vi siete impegnati di ottenere dal parlamento italiano una norma rispettosa, il più concretamente possibile, dei diritti del bambino non ancora

nato, anche se concepito con metodiche artificiali di per sé moralmente inaccettabile"[5].

Davanti a tutte queste pratiche biotecnologiche la sola deontologia medica è insufficiente a regolare la loro liceità. Da parte loro i legislatori e i giudici si trovano anch'essi in difficoltà; il veloce sviluppo delle scienze della vita, tendono a negare al diritto la distanza necessaria, per dare giudizi di valore, atteggiamento che conduce ad un potere tecnico sul vivente, e a far sì che interessi equivoci dello sviluppo delle scienze s'impadroniscano della situazione, per cui l'utilitarismo, il liberalismo e il business trovano il terreno fertile per crescere.

Lo sviluppo tecno-scientifico ha sollevato negli ultimi decenni, nuove e specifiche domande all'etica e al diritto è qui che la Bioetica fa appello alla Filosofia Morale e alla Filosofia del Diritto per difendere i fondamenti, i valori e i diritti del vivente, in qualunque stadio di sviluppo si trovi.

---

[5] GIOVANNI PAOLO II, Nell'udienza del 22 maggio 2003 concessa al Direttorio del Movimento per la vita italiano.

CAPITOLO PRIMO

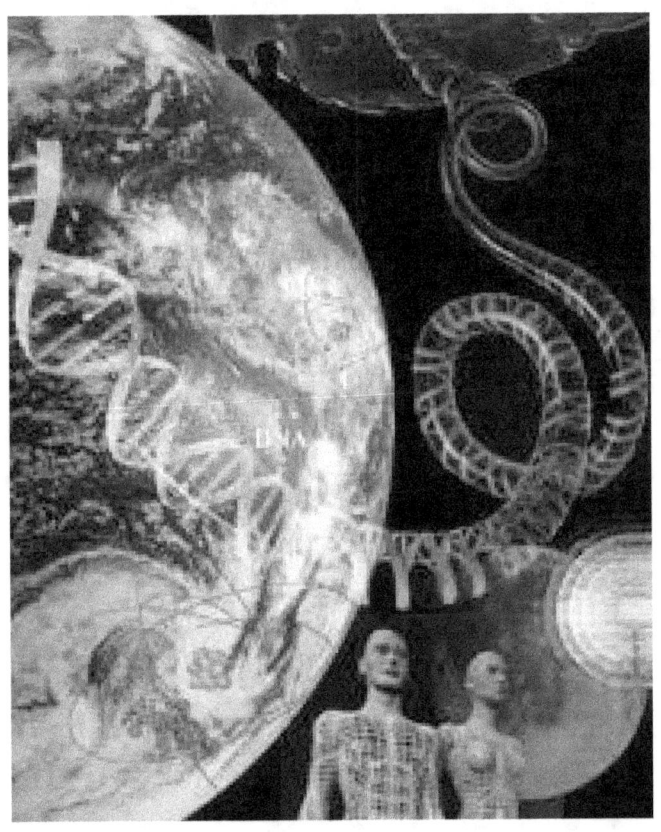

ASPETTI TECNICI DELLA FECONDAZIONE ARTIFICIALE

La ricerca scientifica è oggi il segno più significativo dell'impegno dell'uomo nella conoscenza della natura, ma anche del tentativo di possederla: il sogno di voler essere come Dio si avvera nel momento in cui l'uomo ha nelle sue mani la "signoria" del Creato.

Questa "signoria" la possiamo avvertire soprattutto, nelle prime fasi della vita umana. Dalla diagnosi intrauterina che consente di individuare malattie fetali alla maternità surrogata, dal controllo e determinazione del sesso alla fecondazione artificiale intra ed extracorporea, dalla sperimentazione genica all'uso di cellule staminali di derivazione embrionale.

Quando parliamo di fecondazione artificiale, ci riferiamo a quell'insieme di tecniche che in qualche modo hanno che fare con la riproduzione umana: alcune volte sostituiscono il rapporto sponsale; altre volte lo aiutano, dando come frutto una nuova vita umana.

La fecondazione extra-corporea viene effettuata in un ambiente diverso dall'utero materno: Una volta fecondato l'ovulo dallo spermatozoo, l'embrione viene trasferito o nell'utero della mamma o nell'utero di un'altra donna, nel caso di maternità surrogata o di donazione di embrione.

Il procedimento è lungo e delicato, coinvolge molti soggetti e presenta rischi notevoli sia per la donna sia per la vita del figlio appena concepito che, nei primi momenti della sua esistenza, si ritrova in un ambiente molto diverso e meno protetto di quello che gli avrebbe fornito invece l'utero materno.

Inoltre, la fecondazione artificiale produce normalmente un alto numero d'embrioni umani che in circa 90 casi su 100 è destinato alla morte. Questo avviene perché le possibilità che riesca l'impianto nell'utero sono molto basse, per aumentarle, si ricorre all'immissione di 3 o 4 embrioni contemporaneamente, nella speranza che almeno uno s'impianti mentre gli altri moriranno.

Gli embrioni cosiddetti "sopranumerari", o vengono scartati poiché considerati di qualità non adeguata o vengono congelati, allo scopo di utilizzarli nel caso di fallimento del primo tentativo.

In alcuni casi, gli embrioni non sono utilizzati e vengono abbandonati dai genitori genetici: è per questi embrioni che si pongono i problemi tecnici, etici e giuridici che analizzeremo in questo lavoro.

1. TECNICHE DI PRODUZIONE DEGLI EMBRIONI[6]

Per accedere alle tecniche di fecondazione artificiale, viene richiesta che la copia -considerata sterile- sia in buona salute, quale garanzia minima per reagire allo stress fisico ed emotivo a cui le metodiche inevitabilmente espongono.

A tal fine la coppia viene sottoposta ad una serie di indagini cliniche, come ad esempio: indagini morfologiche, ormonali, microbiologiche, o strumentali.

Una volta, individuata la tecnica da utilizzare, la coppia prima dell'inizio di qualsiasi procedura, deve essere informata e dare il suo consenso[7].

---

[6] SERRA A., *L'uomo – embrione, il figlio della provetta*, Edizioni Cantagalli, Siena Marzo 2003, pp. 61ss.

"Il consulente, solitamente il ginecologo o l'andrologo a cui si rivolge, non incontra infatti il paziente ma una diade, dal momento che la sterilità –pur se legata ad un solo partner- deve essere sempre gestita come un problema di coppia: si parla con la coppia; si studia la coppia; si sottopone la coppia ad eventuali trattamenti.

---

[7] Le coppie sterili possono, in genere usufruire delle tecniche di fecondazione artificiale previo colloquio con i medici, che la effettueranno, allo scopo di valutare le loro -dei richiedenti- condizioni fisiche e psicologiche. Per questo motivo, alcune normative in materia (si veda la legge inglese, norvegese, spagnola e svedese) richiedono di modo specifico l'esecuzione di tale colloquio, durante il quale il medico dovrebbe dare informazione anche sulla tecnica che ritiene opportuno utilizzare, sulla percentuale di successo e sugli eventuali rischi.

Ma è proprio a questo livello -quello dell'informazione sulle procedure- che sembra verificarsi il maggior numero di abusi, tanto che il consenso verrebbe ottenuto senza che sia stata fornita un'adeguata informazione. Ad esempio, sulle percentuali di successo dell'utilizzo della FIV-ET, quando si presenta il numero di gravidanze cliniche ottenute e non dei "bambini in braccio", tacendo in tal modo la possibilità di aborti spontanei. Ed ancora, la disinformazione può riguardare la percentuale di successo di una tecnica, come viene utilizzata nel centro a cui la coppia si rivolge, percentuale che può anche divergere da quelle riportate in letteratura. DI PIETRO M.L. – SGRECCIA E., *Procreazione assistita e fecondazione artificiale tra scienza, bioetica e diritto*, La Scuola, Brescia 1999, p. 69; Sul tema vedere anche: LEONE S., *Manuale di Bioetica*, Istituto Siciliano di Bioetica, Arcireale 2003, pp. 227-242; AA.VV., *Informazione e consenso in medicina*, Delfino, Bari 1998.

E se da un punto di vista prettamente tecnico una buona consulenza pre-diagnostica deve prevedere la raccolta dell'anamnesi, un accurato esame obiettivo (generale, ginecologico, andrologico), l'indicazione di un iter diagnostico (indagini ormonali, microbiologiche, morfologiche o strumentali), da un punto di vista umano il consulente si trova a gestire una copia emotivamente stressata"[8].

L'esito delle tecniche di fecondazione artificiale dipende da diversi fattori, logicamente una di queste è l'età della donna[9]. L'età della donna ha che vedere direttamente con la riserva ovarica e con la qualità degli oociti. La tecnica di fecondazione artificiale è scelta in base alla causa di sterilità e in modo graduale in rapporto alla sua invasività.

Tra le tecniche di fecondazione artificiale accanto alla fecondazione in vitro (IVF), vi sono l'inseminazione artificiale (IA), il trasferimento intratubarico dei gameti (GIFT), la fecondazione in vitro con trasferimento dello zigote (ZIFT), la fecondazione in vitro con trasferimento tubarico dell'embrione (TET), le tecniche di micromanipolazione come la SUZI, l'ICSI, ecc., di cui si dirà più avanti.

Prima di descrivere le principali tecniche di fecondazione artificiale, vediamo nelle seguenti immagini gli organi che intervengono nella riproduzione umana e il sistema riproduttivo femminile e maschile. Inoltre, è utile

---

[8] DI PIETRO M.L. – MANCINI A. – SPAGNOLO A., *La consulenza etica nella sterilità di coppia*, In: «Medicina e Morale» 2002; 6, pp. 1019-1038.
[9] Centro di Riproduzione Assistita, http://www.cragroup.it, Roma 17 marzo 2003;

studiare le modalità utilizzate per ottenere i due elementi principali, cioè, l'ovulo e lo spermatozoo. Questa procedura è uguale in tutte le tecniche di fecondazione artificiale.

Organi che intervengono nella riproduzione umana.

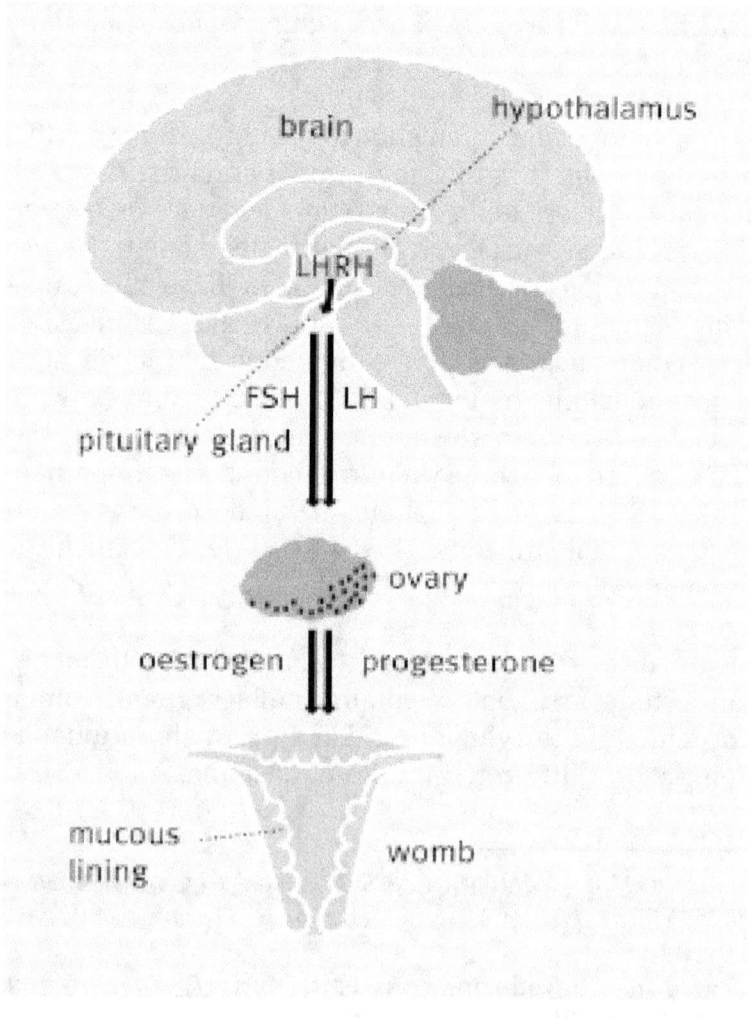

Sistema Riproduttivo Femminile

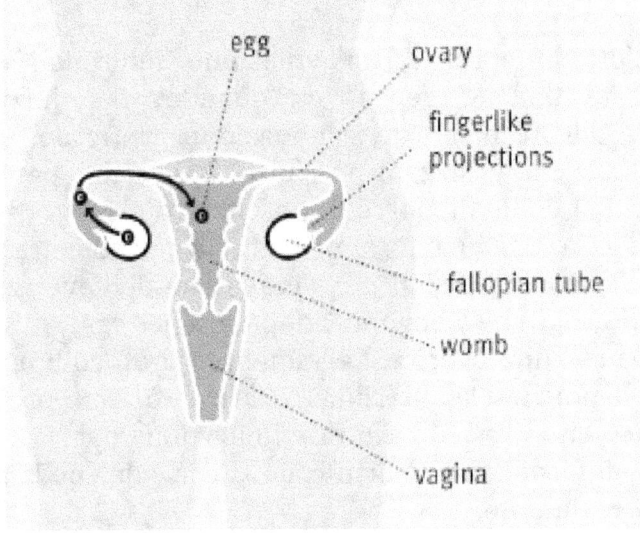

Sistema Riproduttivo Maschile.

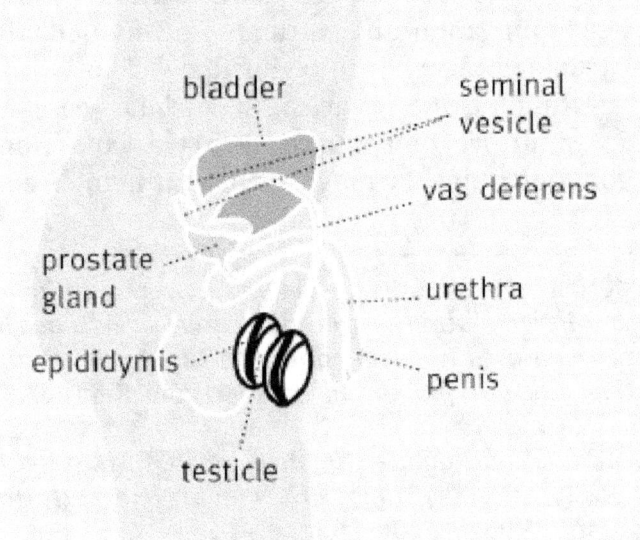

1.1. La stimolazione ovarica

L'ottenimento di un'ovulazione multipla è stata considerata una "esigenza" da quando si è iniziato a ricorrere alle tecniche di fecondazione artificiale. Questa procedura viene utilizzata per tutte le tecniche, per tutti i casi in cui si vuole disporre di un numero elevato di oociti al fine di garantire una maggior efficacia della tecnica.

I farmaci utilizzati per l'induzione dell'ovulazione[10] sono gli stessi che vengono adoperati nel caso di donne affette da sterilità ovarica. Certamente i protocolli possono differire, poiché la sterilità ovarica è un problema patologico, mentre nel caso di stimolazione ovarica per le tecniche di fecondazione artificiale si prevede che la donna ovuli normalmente.

Tra i rischi della stimolazione ovarica vi è la sindrome da iperstimolazione[11], di cui si dirà più avanti.

Il protocollo di stimolazione ovarica prevede, innanzitutto, la sospensione delle attività ipotalamo-ipofisarie, cominciando una settimana prima dell'inizio del ciclo mestruale oppure il primo giorno del ciclo.

La stimolazione ovarica si ottiene con farmaci chiamati "induttori dell'ovulazione", tra cui: clomifene, citrato, gonadotropine, farmaci antiprolattinemici, ecc.[12]

---

[10] ZIKOPOULOS K. – WEST C. – THONG P., et al., *Homologous intrauterine insemiination has no advantage over timed natural intercouse when used in combination with ovulation indution for the treatment of unexplained infertility*, Hum. Reprod., 1993, 8 (4), pp. 563-567.

[11] SURREY E., *Sindrome da iperstimolazione*, In: KEYE W. – CHAHG R. – REBAR R., (a cura di), *Infertilità. Valutazione e trattamento*, Verduci, Roma 1996, pp. 156-165.

Quando più di tre follicoli hanno raggiunto 17 mm. di diametro -valutati ecograficamente- e livelli di beta estradiolo sono compresi tra 500 e 2000 pg. ml., viene somministrato l'hCG (human Chorionic Gonadotrophine) che produce la maturazione completa dell'ovocita.

La somministrazione dell'hCG viene effettuata dopo 24 ore dalla sospensione delle gonadotropine. Circa 40 ore dopo la somministrazione dell'hCG, i follicoli si aprono e possono così uscire gli ovociti maturi, che subito devono essere aspirati per essere poi utilizzati nelle procedure di fecondazione artificiale.

Di solito si alternano cicli di trattamento e di riposo.

Quando il monitoraggio ecografico ed ormonale indicano l'avvenuta maturazione, si procede con il prelievo degli oociti, che avviane per via transaddominale (con laparoscopia) o transvaginale.

"The recovery of ocytes was originally done via laparoscopy. With the advent of ultrasound guidance, initially transabdominally and now transvaginally, the procedure has become less invasive and relatively simple.... [13]*"*

La tecnica di prelievo trasvaginale è più utilizzata poiché presenta una serie di vantaggi, tra cui la possibilità di eseguirla solo con una lieve sedazione.

---

[12] BRINSDEN R., *Oocyte recovery and embryo transfer techniques for in vitro fertilization*, In: Brinsden R. ed. A Texbook of In Vitro Fertilization and Assisted Reproduction. New York: Parthenon Publishing, 1999, pp. 171-184.

[13] KARANDE V. – GLEICHER N., *IVF in humans: technologies for oocute retrival, in vitro insemination and embryo* transfer, In: AA.VV., *Biotechnology of Human Reproduction*, The Parthenon Publishing Group, New York 2003, pp. 161ss.

1.2. Raccolta o prelievo di liquido seminale[14]

I metodi di prelievo di liquido seminale cambiano a seconda della tecnica di fecondazione artificiale a cui si farà ricorso.

Il seme utilizzato per l'inseminazione artificiale può essere raccolto subito prima del trasferimento nelle vie genitali femminili; altrimenti se usa seme crioconservato, nel caso in cui, stato prelevato molto prima del trasferimento nelle vie genitali femminili e poi congelato.

Le modalità per il prelievo di seme possono essere:

- ➢ In connessione con il rapporto sessuale:
  - in seguito a «coitus interruptus» e successiva immediata raccolta di seme in capsula sterile;
  - con il coito «condomato» cioè con l'uso del preservativo (condom);
  - con «condom» perforato che permette la raccolta di parte del seme.

---

[14] SHARMA K. – SEIFARTH K. – GARLAK D., *Comparison of three sperm preparation media*, Int J. Fertil Womens Med 1999; 44, pp. 163-167; SMITH S. – HOSID S. – SCOTT L., *Use of postseparation sperm parameters to determine the method of choice for sperm preparation for assisted reproductive technology*, Fertil Steril 1995; 63, pp. 591-597; SHULMAN A. – FELDMAN B. – MADGAR I., *In-vitro fertilization treatment for severe male factor: the fertilization potential of immotile spermatozoa obtained by testicular extraction*. Hum Reprod 1999; 14, pp. 749-752.

➢ Dopo un rapporto coniugale:
- prelevando lo sperma nel fondo della vagina;
- raccolta dello sperma residuo nell'uretra maschile;
- nel caso dell'eiaculazione retrograda, con la raccolta del seme all'interno della vescica insieme alle urine trattate preventivamente.

➢ Separatamente del rapporto coniugale:
- mediante masturbazione;
- mediante prelievo dello sperma nell'uretra dopo polluzione involontaria;
- con elettroeiaculazione;
- mediante spremitura della prostata e vescichette seminali;
- con puntura dell'epididimo o del dotto deferente;
- mediante biopsia testicolare.

"Una volta prelevato, il seme viene trasferito nelle vie genitali femminili, nel momento del ciclo mestruale più prossimo all'ovulazione spontanea o indotta mediante somministrazione di ormoni, quale le gonadotropine umane menopausali (hMG) e successivamente le gonadotropine corioniche umane (hCG) o con solo clomifene citrato.

Lo sperma può essere deposto in diversi tratti delle vie genitali femminili a seconda del tipo di ostacolo che si vuole superare: nella vagina nel caso, ad esempio, di impotentia coeundi (Inseminazione intravaginale), a livello intracervicale per ipervietà dell'ostio uterino (Inseminazione

31

*intrauterina o IUI) o tubarico (Inseminazione intratubarica o
ITI) per gravi oligoastenospermie, a livello intraperitoneale
(Inseminazione intraperitoneale diretta o DIPI) da dove gli
spermatozoi risalgono a ritroso nella tuba, oppure in sedi
multiple contemporaneamente"[15].*

Ottenuto il liquido seminale, esso viene
accuratamente scelto e quello che ha superato -per così
dire- il "controllo di qualità", viene adoperato non più di 2
ore dopo dal prelievo, in modo che gli spermatozoi si
trovino nel massimo della loro vitalità per muoversi ed
eventualmente fecondare la cellula uovo[16].

1.3. Tecniche di fecondazione artificiale[17]

Le tecniche di fecondazione artificiale sono dette
omologhe quando vengono utilizzati elementi biologici
della coppia per ottenere una fecondazione; eterologhe
quando invece ci si avvale di uno o più elementi biologici,
siano questi spermatozoi, ovociti o utero stranei alla
coppia, come a continuazione viene descritto.

---

[15] SGRECCIA E., *Manuale di Bioetica*, V. 1, Terza Edizione 2003, Vita
e Pensiero, Milano, pp. 511ss.
[16] EL - NOUR M. – AL MAYMAN A. – JAROUDI A., *Effects of the hypo-
osmotic swelling test on the outcome of intracytoplasmic sperm
injection for patients with only nonmotile spermatozoo available
for injection: a prospective randomized trial*, Fertil Steril 2001; 75
pp. 480-484; CAYAN S. – CONAGHAN J. – SCHIROCK D., *Birth after
intracytoplasmic sperm injection with use of testicular sperm from
men with Kartagener/immotile cilia syndrome*. Fertil Steril 2001;
76, pp. 612-614.
[17] LEONE S., *Manuale di Bioetica*, Istituto Siciliano di Bioetica,
Acireale 2003, pp. 78-93.

a) Fecondazione artificiale omologa ed eterologa

Fecondazione artificiale omologa.- Si chiama omologa quando lo spermatozoo e l'ovulo sono della coppia che richiede la tecnica di fecondazione artificiale;

Fecondazione artificiale eterologa.- Si chiama eterologa quando per problemi vari, la coppia non è in grado di produrre i gameti femminili e/o maschili, e si ricorre ad un donatore.

b) Tecniche di fecondazione artificiale intracorporea ed extracorporea

Tecniche di fecondazione artificiale intracorporea.- Con queste tecniche la fecondazione avviene all'interno delle vie genitali della donna; tra le più importanti troviamo: IA (Inseminazione Artificiale); GIFT (Trasferimento intratubarico di gameti); TIUG (Trasferimento intrauterino di gameti) e altre che non sono altro che derivanti di queste prime tecniche.

Tecniche di fecondazione artificiale extracorporea.- Invece, con queste tecniche la fecondazione avviene fuori dell'organismo della donna. Tra le più importanti: FIV-ET (Fecondazione in vitro e trasferimento di embrioni); ZIFT (Trasferimento intratubarico di zigoti). La micromanipolazione dei gameti è una derivazione della fecondazione in vitro e viene molto utilizzata[18].

---

[18] RAGNI G. – DALLA SERRA A., *L'iniezione intracitoplasmatica dello spermatozoo – ICSI. Indicazioni tecnica e risultati*, In: RAGNI G. – VEGETTI W., *Attualità sulla procreazione medico-assistita*, CIC Edizioni Internazionali, Roma 1997.

c) Le tecniche di fecondazione artificiale intracorporea ed extracorporea fino oggi più utilizzate

➤ Fecondazione artificiale intracorporea.

- IPI: (Intra Peritoneal Insemination). È una tecnica che prevede la pervietà tubarica e consiste nella iniezione attraverso i fornici vaginali di spermatozoi trattati. Ha una percentuale di successi non significativamente diversa da quella della IUI;

- IUI: (Intrauterine Insemination). Consiste nell'inseminazione intrauterina di seme opportunamente trattato. Viene per lo più impiegata dopo induzione dell'ovulazione ma anche su cicli spontanei;

- Inseminazione artificiale intracervicale;

- GIFT: (Gamete IntroFalloppian Transfer). Trasferimento intratubarico di gameti. Tecnica di riproduzione assistita che consiste nel prelevare una o più cellule uovo dall'ovaio e reinserirle assieme agli spermatozoi, opportunamente trattati, in una tuba;

- TIUG: (trasferimento intrauterino di gameti).

➤ Fecondazione artificiale extracorporea.

- FIVET: (Fertilization In Vitro and Embryo Transfer). Fertilizzazione in vitro e trasferimento dell'embrione in Utero. Tecnica di riproduzione assistita che consiste nel prelievo di una o più uova dall'ovaio, nelle loro fertilizzazioni in provetta e nel reinserimento dell'embrione, eventualmente ottenuto nell'utero;
- ZIFT: (Zygote IntroFalloppian Transfer). Trasferimento intratubarico di zigoti;
- PROST: (Pronuclear Stage Transfer).

➢ Micromanipolazione dei gameti.
  Lo sviluppo delle tecniche di fecondazione artificiale ogni giorno vengono per così dire perfezionate e questo sviluppo lo possiamo vedere nelle nuove tecniche in cui interviene la micromanipolazione dei gameti[19], come per esempio:
  - ICSI: (Intracytoplasmic Sperm Injection). È una tecnica che prevede l'iniezione di uno spermatozoo nell'ovocita mediante microiniezione. È una tecnica che si rivolge alle coppie con quadro di oligoatenospermia e, secondo alcuni, nei casi di coppie con

---

[19] UBALDI F. – RIENZI L., *Micromanipulation techniques in human infertility: PZD, SUZI, ICSI, MESA, PESA, FNA and TESE*, In: AA.VV., *Biotechnology of Human Reproduction*, The Parthenon Publishing Group, New York 2003, pp. 315-330.

partner a spermiogramma normale dopo ripetuti fallimenti della FIVET;

- SUZI: (Sub Zonal Insemination). Iniezione sub zonale degli spermatozoi all'interno dell'ovocita;
- PZD: (Partial Zone Dissection).

La tecnica che negli ultimi anni viene più utilizzata è la ICSI (Intracytoplasmic Sperm Injection)[20].

---

[20] HERMAN J. – TOURNAYE AND ANFRÉ C. – VAN STEIRTEGHEM., *Intracytoplasmic sperm injection: a time bomb?*, In: DE JORGE C. – BARRATT C., *Assisted Reproductive Technology*, Cambridge University Press, Cambridge 2002, pp. 397-403;

Le seguenti immagini descrivono i diversi momenti della fecondazione in vitro:
(www.images.ivf.net/cgi-bin/postcard-
direct/poscard.cgi/image/imagedatabase/176)

Description:
Human Germinal Vesicles - stage oocyte.

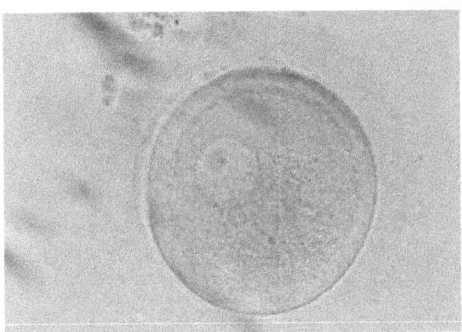

Description:
Composite photos of in vitro sperm head decondensation. After sperm entry into the oocyte, the head enlarges (the acrosomal cap is sometimes visible), followed by formation of the pronucleus. Magnification 1000x (Optical 500x, Digital 2x).

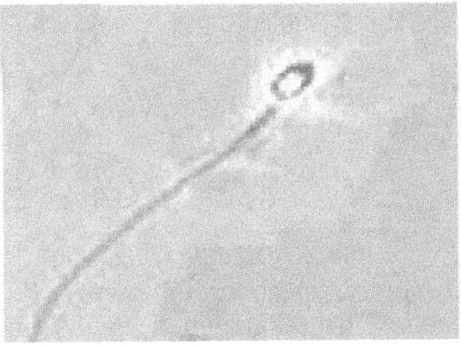

MICROINIEZIONE INTRAOVOCITARIA DELLO SPERMATOZOO

Queste serie d'immagini mostrano le fasi più importanti d'introduzione dello spermatozoo (indicato dalla freccia) all'interno del citoplasma dell'ovocita[21].

a) The metaphase II oocyte is first held by the pipette.

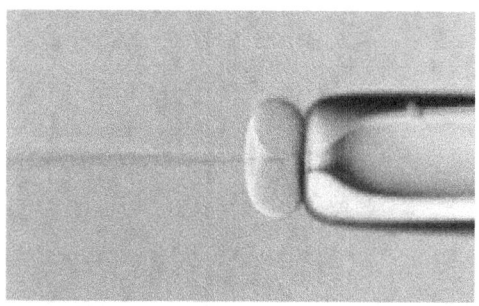

b) and then a hole (arrow) is created in the zone pellucid by the laser device.

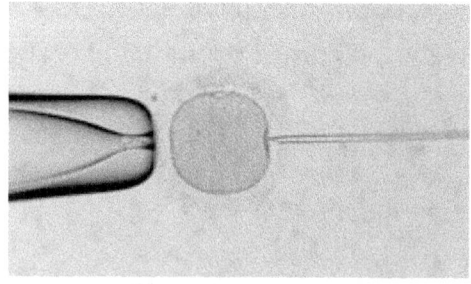

---

[21] UBALDI F. – RIENZI L., *Fertilization events during intracytoplasmic sperm injection*, In AA.VV., *Biotechnology of Human Reproduction*, The Parthenon Publishing Group, New York 2003, pp. 322-330.

c) The injection pipette containing the immobilized spermatozoon is introduced though this hole directly in the perivitelline space.

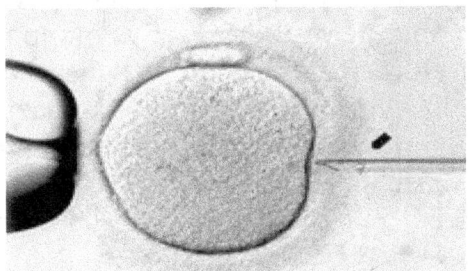

d) Without deforming the oocyte and then deep inside the ooplasm.

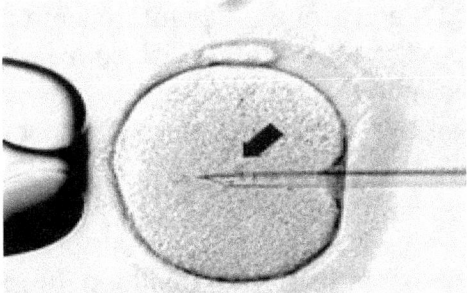

e) Where the spermatozoon in released.

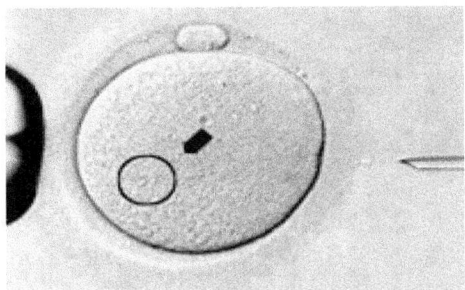

1.4. Fasi di sviluppo dell'embrione umano

Le tecniche di fecondazione artificiale come avviamo visto nei paragrafi anteriori, ciò che fanno è intervenire nella prima tappa del processo di sviluppo dell'essere umano, cioè: prelevare e unire i due elementi responsabile dell'origine della vita. Quindi, la fecondazione umana consiste nell'unione tra la cellula uovo femminile e lo spermatozoo maschile[22]. Avvenuta la fecondazione, lo zigote si divide per mitosi originando cellule ogni volta più sofisticate[23].

> ➢ Lo zigote.- È denominata così la nuova cellula che si forma al concepimento. È l'embrione unicellulare (one cell embryo). Tra le molte attività coordinate di questa nuova cellula, durante un periodo di circa 20-25 ore, le più importanti sono:

> • L'organizzazione del nuovo genoma, che rappresenta il principale centro informativo per lo sviluppo del nuovo essere umano e di tutte le sue ulteriori attività;

> • L'inizio del primo processo mitotico che porta dall'embrione unicellulare

---

[22] GILBERT S., *Developmental Biology*, Sinauer, Sunderland (Mass.) 2000, p. 185ss; MCKENZIE J. – KLEIN R., *Basic Concepts in Cell Biology and Histology*, McGraw-Hill, New York – London 2000.
[23] SERRA A., *L'uomo – embrione, la vita si eredita*, Edizioni Cantagalli, Siena – Marzo 2003, pp. 33-41.

all'embrione a due cellule (two-cell embryo).

> La blastociste.- Durante un periodo di circa 5 giorni avviene una rapida moltiplicazione cellulare sotto il controllo di un gran numero di geni implicati nei molti eventi del ciclo mitotico.

- Questa eterogeneità morfologica e funzionale diventa ancora più evidente al sesto e settimo ciclo, quando appare la blastociste costituita da circa 64-128 cellule diverse tra loro e organizzate.

> Il disco embrionale.- Fino a questo stadio, lo sviluppo è avvenuto dentro dell'involucro di fertilizzazione che protegge l'embrione e gli impedisce di aderire alle pareti tubariche.

- Al 5° giorno dalla fertilizzazione, raggiunto l'utero avviene l'espansione della blastociste, che abbandona la zona pellucida, e inizia il processo dell'impianto.

- All'ottavo giorno dalla fertilizzazione appare la cavità amniotica, l'ectoderma primitivo assume la forma di un disco detto epiblasto, composto di cellule cilindriche che, insieme con le sottostanti cellule vescicolare dell'endoderma primitivo forma una struttura bilaminare, detta disco embrionale.

- Al decimo giorno, l'amnios si è differenziato e si forma il corion con i suoi villi coriali che diventa la parte fetale della placenta.

- All'undicesimo e tredicesimo giorno dalla fertilizzazione il disco embrionale raggiunge il diametro di circa 0,15-0,20 mm.

- Al quattordicesimo giorno nella regione caudale appare un gruppo densamente compatto di cellule, detto stria primitiva, che segna la formazione di un terzo strato di cellule, il mesoderma. È dai tre strati cellulari del disco embrionale - ectoderma, mesoderma ed endoderma- che nel periodo della morfogenesi e organogenesi si formeranno i diversi organi e tessuti.

- Nelle susseguenti tre settimane, in questo disco embrionale molto rapidamente viene definito il piano generale del corpo, ha luogo il modellamento dei differenti organi e tessuti, a cui seguono la organogenesi e la istogenesi.

- Alla quinta settimana di gestazione nell'embrione di circa 1 cm di lunghezza sono già abbozzati il cervello primitivo, cuore, polmoni, i tratti gastro-enterico e genetico-urinario; alla sesta settimana sono chiamate visibili gli abbozzi degli arti.

- Alla fine della ottava settimana la forma corporea è completa.

Questa sintesi essenziale dello sviluppo dell'essere umano dal concepimento fino ad arrivare più o meno a 4-8 milioni di cellule di un essere "maturo", ci porta ad affermare che l'intero processo è controllato e guidato da un centro, il quale viene chiamiamo genoma.

Per il quale il nuovo essere ha le qualità di: coordinazione, di continuità e di gradualità (temi che studieremo nel capitolo terzo: statuto biologico dell'embrione umano).

Ed è così come, escludendo un eventuale errore nel programma genetico, dalla fusione dei due gameti, e ciò è: lo spermatozoo e l'ovulo. Un vero e indiscutibile, individuo umano inizia la sua propria storia. Inizia l'esistenza o il ciclo vitale, nel quale realizzerà automaticamente tutte le potenzialità di cui questo nuovo essere è dotato[24].

---

[24] DI PIETRO M.L. – GIULI A. – SERRA A., *Le prime fasi dello sviluppo embrionale*, In: «Medicina e Morale» 2004; 3, pp. 470-478.

Immagini dei primi stadi di sviluppo di una cellula fecondata:
Qui inizia la sintesi attiva di RNA e proteine.

Lo zigote: nuova cellula che si forma al concepimento. Dall'embrione unicellulare (one cell embryo) all'embrione a due cellule (two-cell embryo).

One cell embryo: Two-cell embryo:

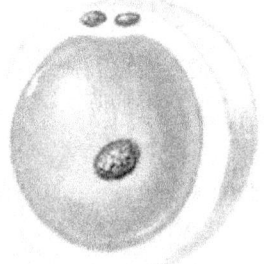   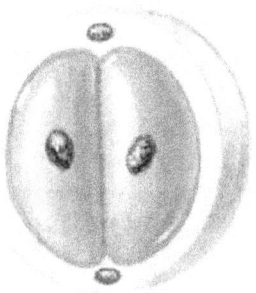

Durante un periodo di circa 5 giorni avviene una rapida moltiplicazione cellulare sotto il controllo di un gran numero di geni implicati nei molti eventi del ciclo mitotico.

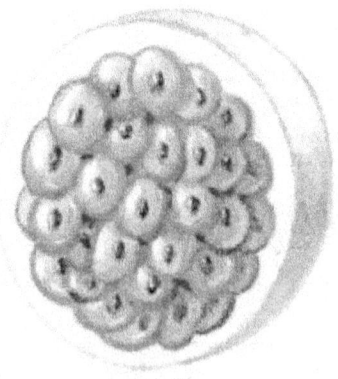

Blastocisti: (32-64 cellule) formata da due tessuti: il trofectoderma (darà origine ai tessuti atti al nutrimento del feto, come la placenta) e l'ICM (darà origine all'embrione)

Cabità blastocelica

Trofectoderma

ICM (Inner Cell Mass)

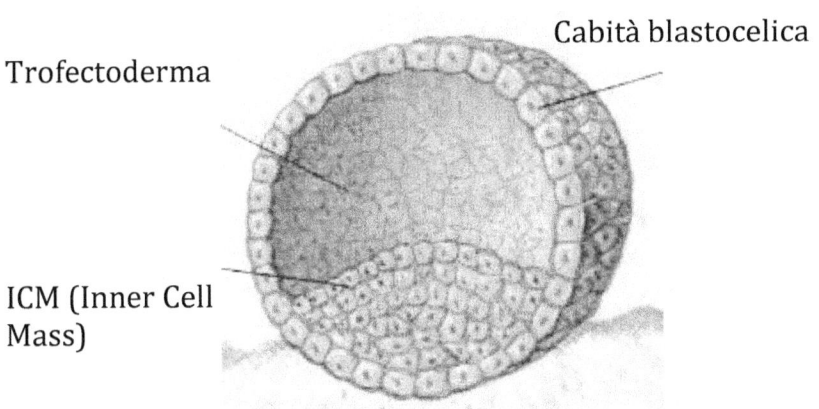

Cellula **embrionale** al 18° giorno dalla fecondazione il trofectoderma e l'ICM si separano; il secondo si attacca all'utero dando inizio, così, al contatto fisico e nutritivo con la madre.

Disco Embrionale (futuro embrione)   Sacco Vitellino

Corion

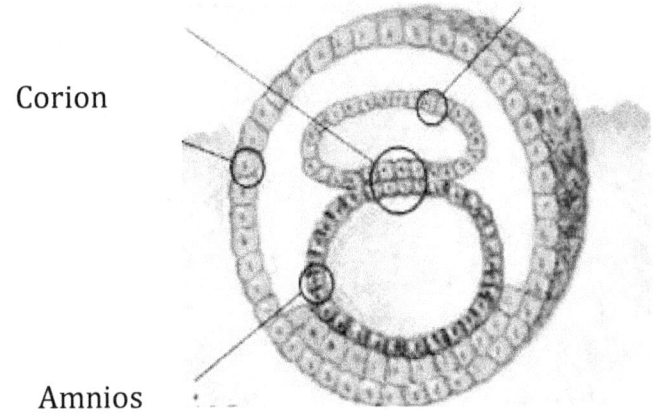

Amnios

Description:

3 Pronuclear Stage Embryos.

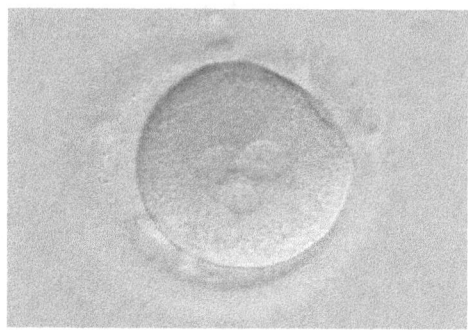

Description:

This picture is human in vitro matured and fertilized embryo form unstimulated cyclic patient GV stage immature oocyte was cultured for 24 hours in maturation medium, after maturation, ICSI was performed and culture for 48 hours after fertilization.

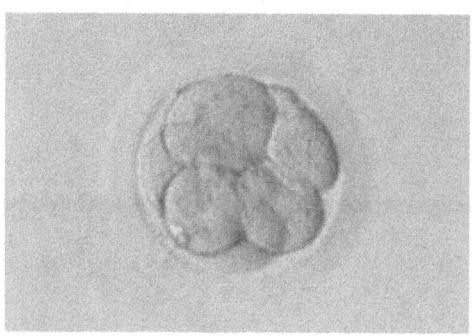

Description:
8-Cell Embryo on Day 3.

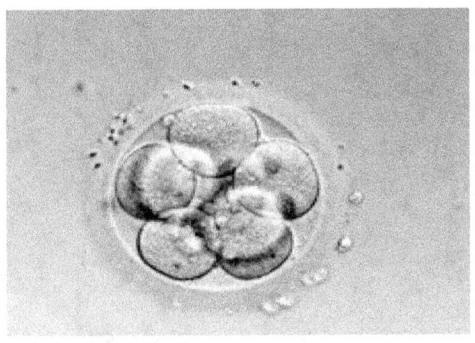

Description:
Morula on Day 4.

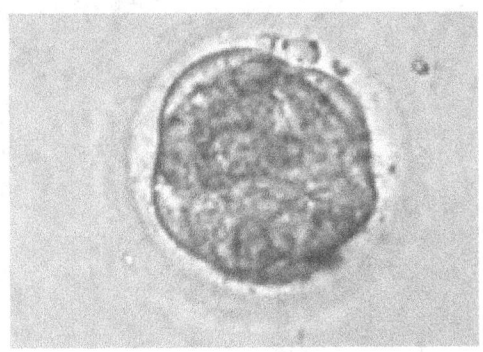

Description:

Fetal Development. Ultrasound scan of a fetus at 12.5 weeks.

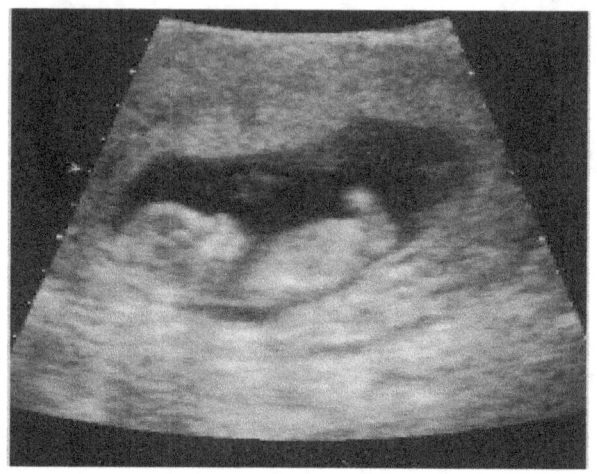

Description:

Fetal Development. Ultrasound scan of a fetus at 19.5 weeks gestation.

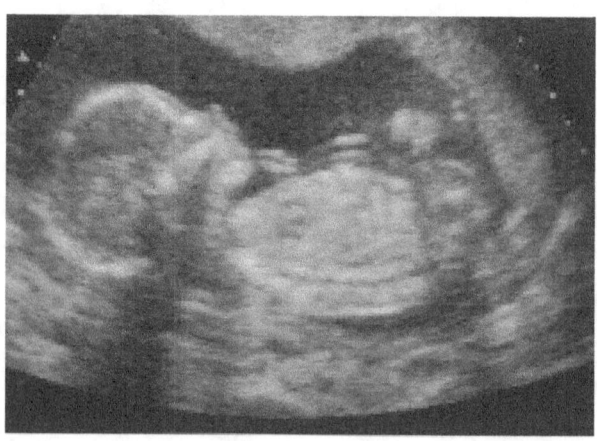

1.5. Rischi ed Effetti collaterali della fecondazione artificiale

"Quando si parla di tecniche di fecondazione artificiale, l'attenzione è rivolta essenzialmente alla loro percentuale di successo in termini di bambini nati, mentre ci si sofferma raramente ad analizzare i rischi legati al ricorso alle stesse. Si tratta, però, di rischi che, conseguenti all'imperizia dell'operatore o insiti nelle procedure previste dalla tecnica, sono responsabili di morbilità e mortalità della donna e/o del nascituro. Di questi rischi la coppia richiedente va attentamente informata, anche perché, dal momento che il ricorso alle tecniche di fecondazione artificiale non può né essere considerato una terapia né essere fondato su un presunto "diritto al figlio", la presenza anche di un rischio minimo è eticamente rilevante.

Infatti, pur se è vero che in medicina – in fase sia diagnostica sia terapeutica – una quota di rischio è sempre presente e da commisurare di volta in volta ai benefici che da quel dato intervento potrebbero derivare, tale bilanciamento rischi/benefici non ha ragione di essere giustificato nel campo della procreatica (tab.1)[25].

Tabella 1. I rischi della fecondazione artificiale.

> ### *Rischi materni*
> - da stimolazione dell'ovulazione:
>   - sindrome da iperstimolazione ovarica

---

25   DI PIETRO M.L. – SGRECCIA E., *Procreazione assistita e fecondazione artificiale tra scienza, bioetica e diritto*, La Scuola, Brescia 1999, pp. 50 e 51.

- o aumentata incidenza tumore mammario
- o aumentata incidenza tumore ovarico
- da procedura di fecondazione artificiale.
    - o nel recupero delle cellule uovo (dolore pelvico e addominale; infezione; danni: intestino, utero e tube)
    - o da laparoscopia
    - o infezioni da contaminazione di gameti o embrioni
    - o rottura d'utero e tube

> ### Rischi embrio-fetali
- difficoltà di impianto in utero
- anomalie cromosomiche
- anomalie genetiche e malformazioni da micromanipolazioni
- aumento dei nati pretermine e degli *small for Date*

> ### Rischi materno-fetali
- gravidanze multiple
- gravidanze ectopiche

Secondo quanto riportato nella tabella 1, i rischi e i problemi che implicano sottomettersi ad una sessione di fecondazione artificiale sono tanti. Rischi ed effetti collaterali che iniziano dalla stimolazione ovarica, con la possibilità che insorga la cosiddetta "sindrome da iperstimolazione ovarica", che comprende un numero di disfunzioni lievi o gravi. Le disfunzioni possono cominciare con distensione addominale ed ingrandimento ovarico fuori del normale, con effetti collaterali per sino sull'apparato digerente dove la donna arriva a soffrire di nausea, vomito e diarrea; per poi passare ad effetti collaterali più rischiosi per la donna, rischi tali come: ipercoagulazione, disidratazione, problemi al sistema urinario, ecc[26].

Un altro effetto collaterale della fecondazione artificiale sono le malformazioni fetali da anomalie cromosomiche[27]. Circa il 60 % degli aborti "spontanei" sono conseguenza di malformazioni ed alterazioni cromosomiche sia nelle ovocellule sia nei gameti maschili.

Un aumento di queste malformazioni fetali è dovuto alle anomalie genetiche a seguito di micromanipolazione di gameti[28].

Le gravidanze ectopiche e le gravidanze multiple sono un'altro effetto collaterale della fecondazione artificiale.

Una gravidanza viene chiamata ectopica o extrauterina, quando l'embrione si impianta al di fuori dell'utero, come per esempio: gravidanze localizzate a livello dell'ampolla tubarica e nel tratto interstiziale o si possono dare gravidanze anche cervicali, ovariche e persino addominali.

È stato evidenziato che nel ricorso alla GIFT la percentuale di gravidanze ectopiche varia dal 2,5 all'8,3 per

---

[26] SURREY E., *Sindrome da iperstimolazione*, In: KEYE W. – CHANG R. – REBARR., SOULES (a cura di), *Infertilità. Valutazione e trattamento*. Verduci, Roma 1996, pp. 156-165; BRAUDE, P. – BOLTON V. – MOORE S., *Mechanisms of early embryo loss in vivo and in vitro*, In: CHAPMA M. – GRUDZINSKAS G. – CHARD T (eds), *The Embryo. Normal and abnormal Development and Growth*, London, Springer-Verlag, 1991, pp. 1-10.

[27] SGRECCIA E., *Manuale di Bioetica*, V. 1, Terza Edizione 2003, Vita e Pensiero, Milano, pp. 532-538.

[28] Cfr. DI PIETRO M.L. – SGRECCIA E., ... pp. 60-65.

cento con una media del 5,5 per cento circa; anche con la FIVET avvengono valori pari se non superiori.

Le gravidanze extrauterine necessariamente devono essere interrotte per evitare emorragie materne talvolta mortali e quindi data la difficoltà che le gravidanze ectopiche, in particolare extrauterine giungano a termine, bisogna aggiungere tali gravidanze del computo delle perdite fetali in quanto di fatto esse si interrompono spontaneamente o vengono interrotte per evitare problemi maggiori[29].

Per finire con i rischi ed effetti collaterali della fecondazione artificiale, abbiamo le gravidanze multiple. L'incidenza delle gravidanze multiple nei concepimenti spontanei o naturali è molto bassa: 1-1, 3 per cento dei concepimenti spontanei nelle gravidanze gemellari e nello 0,01 per cento per le gravidanze trigemini. Per le gravidanze con un numero superiore di feti l'insorgenza spontanea è veramente eccezionale.

Il 29% delle gravidanze multiple è la conseguenza d'ovulazioni indotte con farmaci, quali clomifene o specialmente le gonadotropine. La maggiore incidenza di gravidanze multiple nei concepimenti spontanei è valida solo per le gravidanze gemellari, mentre le gravidanze trigemini o più ancora le quadrigemine sono dovute prevalentemente all'induzione dell'ovulazione o alle fecondazioni artificiali[30].

Bisogna sottolineare che è l'induzione dell'ovulazione con farmaci la maggiore responsabile delle gravidanze multiple, dato l'elevato numero di follicoli che si

---

[29] SGRECCIA E., ... p. 536.
[30] Cfr. Potenziali rischi, http://www.cragroup.it/rischi, Roma 17 marzo 2002.

cerca volontariamente di ottenere nell'induzione dell'ovulazione multipla per ogni sessione di fecondazione artificiale; tuttavia, questi follicoli vengono poi aspirati e l'incidenza delle gravidanze multiple, nelle tecniche di fecondazione artificiale extracorporea è in funzione degli embrioni trasferiti e non dei follicoli originali.

Diverso è nell'induzione dell'ovulazione con clomifene o con gonadotropine. Nel caso si usi il clomifene, l'ovulazione avviene dopo 3 - 10 gg. Dalla fine della terapia e quindi una volta dato lo stimolo, è impossibile intervenire per controllare l'ovulazione o il numero dei follicoli che si sviluppano; fortunatamente di solito è un solo follicolo che matura (qualche volta 2 o 3 follicoli), quando s'incomincia la somministrazione del farmaco (2° giorno del ciclo mestruale). Infatti, dopo terapia con clomifene, le gravidanze multiple sono comprese tra il 5 e il 10% delle gravidanze e sono spesso gemellari, eccezionalmente trigemini o più.

Nel caso invece in cui s'induce l'ovulazione con gonadotropine, i risultati possono essere disastrosi se non si controlla accuratamente la risposta della paziente allo stimolo ovarico e non s'interrompe la stimolazione quando si constata che sono troppi i follicoli cresciuti e troppo elevati risultano i valori raggiunti dagli ormoni prodotti (estradiolo). L'incidenza di gravidanze multiple in questo tipo di stimolazione oscilla tra il 10 e il 30% e spesso si tratta di gravidanze plurifetali.

Per ultimo, le tecniche di fecondazione artificiale possono provocare sia nell'uomo come nella donna gravi vizzi e malattie tali come: conseguenza dello stress e dell'ansia, alcoolismo e narcotismo; conseguenza della manipolazione degli organi di riproduzione malattie veneree, diabete, e tumori maligni extragenitali[31]. Queste malattie nella donna si possono aggravare quando arriva la gravidanza.

1.6. Trasferimento d'embrioni[32]

a) Trasferimento d'embrioni freschi

Il trasferimento d'embrioni avviene con l'introduzione nella cavità uterina, passando per il collo dell'utero, di un catetere di plastica molto fino contenente gli embrioni. Questi vengono depositati in cavità uterina, ove continueranno a svilupparsi fino all'impianto in endometrio (questa metodica è totalmente indolore, nella maggior parte dei casi si effettua in posizione ginecologica e dura pochi minuti). Si trasferiscono abitualmente tre embrioni, anche se il numero può essere maggiore o minore.

Naturalmente non tutti gli embrioni che sono prodotti con un ciclo di fecondazione artificiale, sopravvivono; gli embrioni trasferiti nell'utero sono quelli

---

[31] SCHULTZ R. – WILLIAMS C., *The Science of ART*, Science 2002, 296: 2188-2190, pp. 2188, 2190; BALASCH J. – BARRI P., *Follicular stimulation and ovarian canncer?*, Hum Reprod 1993; 8, pp. 990-996.
[32] KATALILINIC A., et al., *Pregnancy course and outcome after intracytoplasmic sperm injection: a Controlled, prospective cohort study*, In: Fertil Steril, 2004 Jun; 81 (6): 1604-16.

che, per così dire, "hanno passato la prova", cioè le analisi genetiche di idoneità.

Alcune tecniche di fecondazione artificiale, prevedono l'apertura assistita della zona pellucida in laboratorio, prima che l'embrione venga trasferito nell'utero, per facilitare la divisione cellulare e l'impianto. Questo tipo di procedura si riserva però soltanto a qualche caso particolare e solo dopo aver tentato, senza successo, almeno tre cicli di FIVET.

Un'altra opportunità, recentissima, è quella di trasferire solo 1-2 blastocisti al 6° giorno, invece di 2-3 embrioni in fasi precedenti di sviluppo. Questo è possibile utilizzando particolari terreni di coltura che consentono lo sviluppo, in vitro, degli embrioni fino allo stadio di blastocisti, anche se il 50-60%, de embrioni in vitro muoiono. Il transfer di blastocisti è più costoso, ma diminuisce i rischi di gravidanza multipla.

b) Problemi nel transfer[33]

Al momento del trasferimento degli embrioni nell'utero, possono presentarsi alcuni problemi. In primo luogo, lo stato ansioso della paziente può interferire con la corretta applicazione della tecnica sia per un'ipersensibilità della donna ad ogni manipolazione, sia attraverso la possibile somatizzazione in spasmi cervico-vaginali.

La difficoltà che più frequentemente si presenta è costituita dall'arresto della progressione del catetere lungo il canale cervicale dovuto a stenosi.

---

[33] WENNERHOLM U. – JANSON P. – WENNERGREN M. – LMER I., *Pregnancy complications and short-term follow-up of in-fants born after in vitro fertilization and embryo transfer (IVF/ET)*, Acta Obstet Gynecol Scand 1991; 70, p. 565 ss.

c) Risultati delle procedure di fecondazione artificiale[34]

Ci sono fondamentalmente tre diversi nodi di avere una percentuale di successo e il numero di gravidanze prodotte per mezzo della FIVET:

- percentuale sul totale dei cicli iniziati,
- percentuale sul totale dei prelievi di oociti,
- percentuale sul totale degli embrioni trasferiti.

---

[34] Per quanto riguarda la percentuale di successi bisogna distinguere la percentuale di successo dovuta alla raccolta dell'ovocita maturo (95%), alla fecondazione (90%), all'inizio dello sviluppo (58,8%) ed alle gravidanze iniziate (17,1%) e condotte a termini (6,7%). Di conseguenza la perdita totali di embrioni è pari al 93-94 per cento. È difficoltoso, però, valutare la perdita totale di embrioni dal momento che la maggior parte degli studi valuta la percentuale di successo in rapporto agli embrioni trasferiti e non a quelli fecondati. Secondo quest'ultimo criterio, la percentuale di successo della FIVET è compresa tra il 14 per cento e il 20 per cento. SGRECCIA E., *Manuale di Bioetica*, Volume I, Vita e Pensiero, Milano 1999 (Seconda ristampa della terza edizione: 2003), pp. 532; Sul tema vedere anche: NYGREN G. – ANDERSEN N., *Assisted reproductive technology in Europa, 1998. Results generated from European registers by ESHRE. European IVF-Monitoring Programme (EIM), for the European Society of Human Reproduction and Embryology (ESHRE)*, Hum Reprod 2001; 16, pp. 384-391.

I dati delle percentuali, relative al numero di parti ovvero di bambini nati a seguito di FIVET, vengono dell'ASRM (American society for Reproductive Medicine) e della SART (Society for Assisted Reproductive Technology) Registry nel 1999[35].

I risultati sono:

➢ 25,4% di parti sul totale dei cicli iniziati

➢ 29,4% di parti sul totale prelievi di oociti

➢ 31,6% di parti sul totale dei transfer

Tabella 2. FIVET (con o senza ICSI) (ASRM/SART Registry 1999)

I parti sul totale dei prelievi gli ovuli è pari al 29,9% secondo i datti dell'ASRM/SART Registry relativi al 2000[36].

In quanto alle gravidanze iniziate, ci sono le gravidanze biochimiche e le gravidanze cliniche. Le prime avvengono dovuto a un aumento della concentrazione di beta-hCG (beta-human Chorionic Gonadotrophin). Invece si parla di gravidanze cliniche, nel momento in cui se avverte il sacco fetale e il battito del cuore per mezzo dell'ecografia.

---

[35] AMERICAN SOCIETY FOR REPRODUCTIVE MEDICINE – SOCIETY FOR ASSISTED REPRODUCTIVE TECHNOLOGY REGISTRY, *Assisted reproductive technology in the United States: 1999 results....*
[36] SOCIETY FOR ASSISTED REPRODUCTIVE TECHNOLOGY - AMERICAN SOCIETY FOR REPRODUCTIVE MEDICINE, *Assisted reproductive technology in the United States: 2000 results....*

Nella tabella seguente sono riportati dell'ASRM/SART Registry Nel 1999, queste sono dati relativi al numero di gravidanze cliniche a seguito di FIIVET con o senza ICSI.

I risultati sono:

> 30,5% gravidanze cliniche sul totale dei cicli iniziati

> 35,4% gravidanze cliniche sul totale prelievi di oociti

> 38% gravidanze cliniche sul totale sei transfer

Tabella 3. FIVET (con o senza ICSI) ASRM/SAR Registry 1999)

Invece, secondo il III rapporto dell'ESHRE del 1999 i risultati della FIVET senza ICSI sono più bassi[37].

I risultati sono:

> 24,2% gravidanze cliniche sul totale prelievi di oociti

> 27,2% gravidanze cliniche sul totale dei transfer

---

[37] NYGREN G. – ANDERSEN N., *Assisted reproductive technology in Europe, 1998. Results generated from European registers by ESHRE. European IVF-Monitoring Programme (EIM), for the European Society of Human Reproduction and Embryology (ESHRE)*, Hum Reprod 2001; 16, pp. 384-391.

Tabella 4. FIVET (senza ICSI) (III Rapporto ESHRE 1999)

Se diamo uno sguardo alle percentuali nei primi anni da quando le tecniche di fecondazione artificiale sono uscite al mercato, ci rendiamo conto che certo progresso si può oggi registrare.

Per esempio: rispetto ai primi dati riportati sulla base di ampie casistiche nel 1984, queste indicano che solo il 6-7% delle donne avevano visto soddisfatto il loro desiderio di avere un figlio. In questi anni 14.585 embrioni erano stati trasferiti in 7.793 donne; 1.369 (17,1%) soltanto di esse avevano iniziato la gravidanza; 628 di queste (45,8%) abortirono; 523 donne –cioè il 6.7% di quelle nelle quali erano stati trasferiti embrioni-partorirono un totale di 656 neonati, a causa della frequente gemellarità. Facendo i conti 95,5% di 14.585 embrioni che erano stati trasferiti in 7.793 donne, sono stati perduti[38].

Nel 1988, l'analisi dei risultati di 41 cliniche della fertilità, ottenuti dal Registro Nazionale IVF/ET degli Stati Uniti indicava che soltanto 311 donne su 2.864, cioè l'11%, aveva ottenuto il figlio. Un analogo rapporto della Voluntary Licencing Authority, riferendo lo scarso successo ottenuto in Inghilterra ancora al 1986, faceva notare: «Che nel 1986 siano ricorse alle cliniche IVF 4.670 pazienti è una misura di quanto il servizio sia richiesto. Che un gran numero di donne abbiano sopportato un totale di più di 7.000 cicli, dopo aver già avuto precedenti trasferimenti,

---

[38] SEPPALA M., *The world collaborative report on in vitro fertilization and embryo replacement: current state of art in January 1984*, Annals of the New York Academy of Sciences 1985 - 442, pp. 558-563.

nella speranza di diventare gravide è una misura dei sacrifici che esse sono preparate a fare per superare la sterilità. Che da tutto questo sforzo ci siano stati soltanto 605 (8.6%) nati vivi è una prova che l'IVF resta una potente sorgente di grandi speranze deluse, uno stato di cose in cui migliaia di donne ogni anno giocano di fortuna con una nuova tecnica, e sono crudelmente deluse quattro volte su cinque»[39].

Non migliori apparivano i risultati nel 1992: riferendosi a questi, R.M.L. Winton e A.H. Handyside, attivi in questo campo fin dai primi anni, nel 1995 iniziavano un articolo sulle nuove sfide nel campo delle fecondazioni in vitro, con questa affermazione: «la ferlizzazione umana in vitro (IVF) è sorprendentemente un insuccesso. In Inghilterra, il tasso di nati vivi per ogni ciclo iniziato è del 12.5%, e del 14% degli Stati Uniti»[40].

Un lieve miglioramento ancora sembra rilevabile dalle ultime statistiche pubblicate negli Stati Uniti relative al 1997: su 73.584 cicli, la frequenza media di parti per ciclo sarebbe salita al 23.7%[41].

Con questi risultati possiamo affermare che il bambino in braccio è il privilegio di una coppia sterile su cinque o sei che lo desiderano[42].

---

[39] EDITORIAL, *More embryo research?*, Nature 1988 – 333, pp. 194ss.

[40] WINSTON R. – HANDYSIDE A., *New challenges in human in vitro fertilization*, Science 1993 – 260, pp. 932-936.

[41] AMERICAN SOCIETY FOR REPRODUCTIVE MEDICINE / SOCIETY FOR REPRODUCTIVE TECNOLOGY REGISTRY, Fertility and Sterility 2000, 74, pp. 641-654.

[42] Scienza e tecnologia, in 24 anni, non hanno risparmiato né ricerche né mezzi per superare gli ostacoli; ma finora, i risultati

Per finire le percentuali di gravidanza variano tra i diversi centri di sterilità; dipendono molto dall'età della donna e dal grado d'infertilità dell'uomo[43]. Gli embrioni rimanenti (soprannumerari), che presentano una morfologia ottimale, vengono congelati per essere utilizzati in un successivo ciclo.

---

non possono che essere deludenti per la maggior parte delle coppie che affrontano questa via lunga, faticosa e costosa.

Un notevole numero di ricerche indicano che tra le gravidanze clinicamente accertate: il 22% terminano in aborti spontanei e 5% in gravidanze ectopiche; circa il 27% sono gravidanze multiple con tutte le complicazioni che ne seguono, tra cui la riduzione fetale; il 29,3% terminano in parti pre-termini e il 36% in nati con basso peso. Di più, c'è evidenza di un aumento preoccupante di morbilità e mortalità neonata, con tassi significativamente superiori a quelli della popolazione generale. SERRA A., *L'uomo – embrione, il figlio della provetta*, Edizioni Cantagalli, Siena – Marzo 2003, pp. 65-66.

[43] UBALDI F. – RIENZI L., *Micromanipulation techniques in human infertility: RESULTS*, In: AA.VV., *Biotechnology of Human Reproduction*, The Parthenon Publishing Group, New York 2003, pp. 322-330.

2. LA CRIOCONSERVAZIONE D'EMBRIONI

Le motivazioni per la quale si fa ricorso alla crioconservazione di embrioni umani sono fondamentalmente le seguenti[44]:

- Embrioni in sopranumero o restanti di un ciclo di fecondazione assistita,

- Si procede alla crioconservazione di embrioni, nel caso in cui si presenta qualsiasi problema dopo la stimolazione ovarica,

---

[44] FAUSER B. – BOUCHARD P. – COELINGH H., *Alternative approaches in IVF*, Human Reprod Epdate 2002; 8 (1), pp. 1-9.

- Si rimanda il trasferimento degli embrioni in utero e quindi vengono congelati, per cercare il momento più indicato.

Gli embrioni per la loro crioconservazione sono prima studiati e quindi selezionati, in base soprattutto allo sviluppo e alla morfologia, la crioconservazione avviene allo stadio di 2 o 3 blastomeri[45].

Nel 1983 da inizio alla crioconservazione di embrioni umani con un progressivo incremento nel tempo. La crioconservazione non è altro che il congelamento a 196° sotto lo zero; questa tecnica comporta necessariamente un arresto temporaneo della divisione cellulare, arresto che consente il trasferimento di embrioni in un ciclo successivo a quello in cui si è provocata la iperstimolazione ovarica.

Questa tecnica, quindi, dalla possibilità di utilizzare embrioni crioconservati, incrementando così, la probabilità di successo e di ridurre il rapporto costi/benefici, relativi al singolo ciclo di trattamento.

Gli embrioni scongelati sono trasferiti in utero in un ciclo spontaneo, ma la maggior parte dei Centri preferisce preparare l'endometrio con la somministrazione d'estrogeni e progesterone previo trattamento con analoghi dello GnRH.

Le modalità di trasferimento sono le stesse usate per la FIVET e possono prevedere il trasferimento di uno o più embrioni.

---

[45] MENEZO Y. – VEIGA A. – POULT J., *Assisted reproductive technology (ART) in human: facts and uncertainties*, Theirogenelogy 2000; 53, pp. 595-610.

2.1. Aspetti generali della crioconservazione[46]

---

[46] A slow-freezing/rapid-thawing protocol with PROH and sucrose as cryoprotectants is by far the most commonly used. It results in rates of embryo survival that vary from 70 to 80% and pregnancy rates from 15 to 20%. The freezing and thawing solutions are prepared in phosphate buffered saline (PBS) sterilized with 0.22p filters and kept at a temperature of +4°C., they are used a room temperature within 48 h (freezing solutions: 0.2 moll/l sucrose, 0.5-1.0 mol/l PROH). For feasibility, freezing and thawing are carried out on plates with four tanks which facilitate the passage in the various tanks containing solutions with different concentrations of cryoprotectans. In every tank, a final volume of 0.5 ml facilitates the moving and the loading of the specimens in the straws.

The device consists of an electronic switchboard and of a freezing chamber containing a heating element and a spout through which expanding liquid nitrogen flows when the valve placed at the base of the same chamber is opened. The cycles of opening and closing the valve and the heating cycles are regulated by the electronic switch-board according to the programmed freezing curve. The switchboard uses two PRT (platinum resistance to temperature) probes, one placed at the base of the freezing chamber and the other one inserted in the biological specimen, which continuously monitor the temperatures of both. Alternating and/or overlaying the cycles determines the programmed temperature decrease in order to reach the cryogenic temperatures (from –130 to 180°C), suitable for specimen storage inside the appropriate cryobiological containers. PORCU E. – CIOTTI M. – FABBRI R. ed al., *Technology for the cryopreservation of human embryos and gametes*, In: AA.VV., *Biotechnology of Human Reproduction*, The Parthenon Publishing Group, New York 2003, pp. 211-217.

Prima di parlare di congelamento d'embrioni, per una maggiore comprensione della tecnica dobbiamo fare un chiarimento dei concetti più importanti di criobiologia.

Anzitutto occorre affermare che la crioconservazione è arrivata a farsi realtà a seguito d'anni e anni di sperimentazioni sugli embrioni e a seguito delle applicazioni e di considerazioni teoriche e osservazioni empiriche derivate da studi su differenti specie e sistemi cellulari.

La crioconservazione richiede l'esecuzione di diverse fasi, per esempio il preciso controllo della quota di raffreddamento e riscaldamento, perché essa determina il destino finale dell'acqua che è presente dentro la cellula sia nel citoplasma sia nel suo nucleo nel momento in cui si dà il processo di congelamento o crioconsevazione. Si deve avere in considerazione che la quota di raffreddamento ottimale varia di cellula a cellula, tutto dipende delle dimensioni della cellula e anche dal tipo di cellula.

C'è un altro fattore che è molto importante: i crioprotettori (dei quali si dirà più avanti), i crioprotettori hanno il ruolo di proteggere tutto l'insieme delle cellule mentre il processo di congelamento è effettuato. Il loro compito è di ridurre i possibili danni causati dagli effetti di tutte le soluzioni a quote lente di raffreddamento che vengono utilizzate durante la tecnica.

Il *"seeding"*[47] (induzione della formazione dei cristalli di ghiaccio in corrispondenza oppure poco di sotto il punto di congelamento di una soluzione acquosa), non è altro che l'induzione del primo nucleo di ghiaccio della

---

[47] PORCU E. – CIOTTI M. – FABBRI R. ed al., *Freezing technology*, In: AA.VV., *Biotechnology of Human Reproduction*, The Parthenon Publishing Group, New York 2003, pp. 213.

soluzione in cui si realizzerà il processo di congelamento delle cellule; il *seeding* serve ad evitare il super raffreddamento, controlla e previene la formazione di ghiaccio intracellulare, il quale sarebbe se non mortale, molto pericoloso per la vita della cellula. Oltre tutti questi fattori che si devono avere in considerazione, c'è anche il controllo dell'equilibrio osmotico e termico durante il processo di raffreddamento per arrivare poi al congelamento di tutta la cellula.

Mentre si assiste al raffreddamento di cellule, si può rendere conto di fenomeni chimici fisici che interferiscono con la vitalità dell'intero sistema nel quale si procede al congelamento.

Il raffreddamento delle cellule anzitutto, provoca tre fenomeni.

Questi sono:

> Riduzione delle attività enzimatiche.

> Riduzione dei meccanismi di trasporto attivo.

> Modificazioni della conformazione della membrana cellulare.

Fenomeni che possono essere controllati esponendo le cellule a sostanze che nella tecnica di congelamento si chiamano sostanze crioprotettive, prima di applicare la tecnica; anche si possono evitare questi problemi se vengono utilizzate basse velocità di raffreddamento. Come risultato della riduzione della temperatura viene fuori un progressivo aumento delle pressioni parziali di: Anidride

Carbonica (CO_2); Ossigeno (O_2) e Nitrogeno (N_2) e quindi della solubilità dei gas.

Durante il raffreddamento, se non sono utilizzate le sostanze chimiche adeguate, si formano cristalli di ghiaccio sia all'esterno della cellula come all'interno. I cristalli di ghiaccio che si formano all'interno della cellula, producono necessariamente danni irreparabili dei suoi componenti e a causa di questi cristalli viene distrutta la cellula[48].

Si deve avere anche molta cura con i cambiamenti così improvvisi della temperatura perché questo fenomeno può essere causa di danneggiamento della cellula, soprattutto di quei cambiamenti che si producono al di sotto del punto di congelamento. Questo danno varia a seconda della fase di sviluppo dell'embrione, cosicché se l'embrione è più sviluppato maggiore è la resistenza ai cambiamenti di temperatura (fenomeno che in inglese riceve il nome di *cold-shock*).

Questo fenomeno può essere controllato se si procede con il raffreddamento delle cellule in modo molto lento e aggiungendo al mezzo il crioprotettore. Inizialmente per ottenere questo shock osmotico, il metodo utilizzato era la rimozione graduale della sostanza crioprotettiva: a questo si arrivava trasferendo piano piano gli embrioni in concentrazioni sempre più basse di soluzione. Ogni volta che si fa un trasferimento degli embrioni vi è un incremento nel volume della cellula a causa dell'equilibrio isotonico; nel momento in cui la sostanza crioprotettiva lascia l'embrione si verifica una diminuzione graduale del volume.

---

[48] CRISTER K. – AGCA Y. – WOODS E., *Chilling injury*, In: DE JORGE C. – BARRATT C., *Assisted Reproductive Technology*, Cambridge University Press, Cambridge 2002, pp. 153ss.

Se una cellula sospesa in un medium fisiologico viene raffreddata progressivamente a temperature sotto lo zero, il ghiaccio si forma nella soluzione che si trova fuori della cellula. Conseguentemente i soluti dissolti diventano più concentrati perché l'acqua è rimossa sotto forma di ghiaccio[49].

Quando la cellula viene raffreddata lentamente, si produce una progressiva disidratazione a livello della membrana: questo fenomeno è dovuto al trasferimento di gran quantità di acqua dall'interno all'esterno della cellula, provocando così una riduzione del potenziale chimico a livello della membrana del citoplasma.

Invece, potrebbe esserci poco tempo per il trasporto massiccio di acqua se la cellula viene raffreddata molto rapidamente. Come oggetto di questo raffreddamento veloce, l'interno della cellula si congelerà e per il super-raffreddamento del citoplasma morirà la cellula. Nel raffreddamento ultrarapido, vengono usate concentrazioni più basse di sostanze crioprotettive. La formazione di cristalli di ghiaccio potrebbe verificarsi sia durante il raffreddamento che il congelamento; questo dipende senz'altro della concentrazione delle sostanze crioprotettive e dal cambiamento della temperatura.

Per evitare il super-raffreddamento e l'effetto negativo dei cambiamenti termici che comprometterebbe la sopravvivenza delle cellule, è possibile indurre la cristallizzazione del mezzo esterno in maniera controllata ad una temperatura prestabilita (-8°C) con il processo chiamato *seeding*, del quale abbiamo già parlato. Nel

---

[49] LEIBO S., *Procedure to cryopreserve zygotes and embryos.* Hands On Cryobiology Course. Indianapolis: American Fertylity Society 1993, pp. 69-78.

processo chiamato super-raffreddamento, gli embrioni sono esposti per un periodo ad un mezzo crioprotettivo contenente dimetilsolfossido (DMSO) da 3,5 a 4,5 M e sucrosio da 0,25 a 0,3 M nella camera di temperatura prima di passare direttamente gli embrioni nell'azoto liquido[50].

2.2. Curva di raffreddamento

La curva di raffreddamento è specifica per ogni tipo di cellula. Il grado di disidratazione all'interno della cellula e la successiva modificazione della sopravvivenza cellulare viene indicata da fattori che sempre si devono avere in considerazione, e questi sono:

> ➤ Il contenuto intracellulare di acqua.- La concentrazione della sostanza crioprotettiva usata e in relazione con la percentuale di movimento dell'acqua attraverso la membrana cellulare e che, senza dubbio, è anche proporzionale alla differenza nella concentrazione delle molecole disciolte ai due lati della membrana.

> ➤ Permeabilità della membrana.- Nel processo di crioconservazione è molto importante conoscere la permeabilità

---

[50] Kuji N. – Sakaida M. – Miyazaki T. ed al., *Human embryo freezing with dimethylsulfoxide sucrose as cryoprotectants*, Nippon Sanka Fujinka Gakkai Zasshi, 1993 Sep; 45 (9): 1001-PMID: 8371014 (Pub Med – indexed for MEDLINE) Luglio del 2004.

della membrana cellulare all'acqua e alle sostanze crioprotettive.

> Rapporto fra superficie e volume della cellula.- Le cellule più piccole possono essere congelate più velocemente per la loro più alta proporzione superficie-volume (superficie della cellula = volume d'acqua dentro della cellula), da questa proporzionalità dipende che l'acqua può lasciare più velocemente la cellula.

Si deve considerare che cellule uovo e embrioni hanno sempre un basso rapporto superficie-volume e quindi una relativa quantità di acqua intracellulare; per questo si sceglie una tecnica di raffreddamento lento (ad esempio 1°C al minuto).

A questo punto si arriva a seguito della risposta osmotica cellulare, alla formazione di ghiaccio a libello extracellulare (e non intracellulare il quale distrugge la cellula) e anche grazie all'aumento dell'osmolalità della soluzione circostante che non è stata congelata.

2.3. I crioprotettori

I crioprotettori in principio dovrebbero essere immagazzinati attentamente ai fini dell'uso. Il DMSO (Dimetilsolfossido) è noto in quanto ossida lentamente quando immagazzinato nella camera a temperatura in contenitori con un ampio spazio.

"*Human embryos can be successfully cryipreserved by protocols using PROH, DMSO or glycerol. PROH seems appropriate for zygotes or early-cleaved embryos, DMSO for cleaved embryo stages and glycerol for blastocysts.*

The protocol using PROH (1.5 mol/l) and sucrose (0.1 mol/l) is quite successful when embryos are slow cooled (- 0.3°C/min) to −30°C and is especially suitable for pronucleated and two- or three-day-old embryos. Optimal survival rates are achieved only when sucrose is combined with PROH. PROH alone reduces survival rates to only 10% of totally intact embryos as compared to 44% with the PROH-sucrose protocol.

DMSO was the first cryoprotective agent used in humans, mostly in cleaved embryo stages. It still remains difficult to determine which method produces the best results. Glycerol is preferably used for the advanced stages of preimplantation development. New cryoprotectants and molecules such as polymers or antifreeze proteins have barely been attempted is humans"[51].

La scelta di uno specifico crioprotettore è determinata dalla diversa permeabilità della membrana cellulare nelle differenti tappe di sviluppo dell'embrione. Per esempio: il propandiolo viene generalmente utilizzato per lo stadio pronucleare e per quello a due cellule, il dimetil sulfossido viene utilizzato per gli embrioni da 4 a 12 cellule ed il glicerolo per le blastocisti.

Le sostanze crioprotettrici sono utilizzate a temperatura ambiente, esponendo l'embrione a concentrazioni progressivamente maggiori dell'agente stesso.

---

51 PORCU E. – CIOTTI M. – FABBRI R. ed al., *Human Embryo freezing*, In: AA.VV., *Biotechnology of Human Reproduction*, The Parthenon Publishing Group, New York 2003, pp. 213ss.

L'esito totale del processo della criopreservazione dipende molto della qualità dei materiali chimici utilizzati. Le soluzioni ottenute con procedure di congelamento o diluizione dovrebbero essere sterilizzate velocemente ed utilizzate nel minore tempo possibile.

I crioprotettori sono sostanze composte da diversi chimici e perciò è importante in suo uso immediato dopo la loro elaborazione. Queste sostanze hanno in comune una grande capacità di essere solubili in H2O, appunto, per far si che il processo di criopreservazione si verifichi senza nessun problema.

L'azione dei crioprotettori si verifica con i seguenti fenomeni. In primo luogo, i crioprotettori agiscono direttamente sulla membrana cellulare; poi questa azione sulla membrana fa si che venga modificato l'ambiente sia all'interno della cellula come all'esterno della medesima. Questa modificazione dell'ambiente intra ed extra fa si che la cellula perda tutta l'acqua per sostituzione con le sostanze crioprotettive, diminuendo così la possibilità della formazione di cristalli di ghiaccio, i quali a questo punto possono diventare mortali per la cellula.

L'ultimo fenomeno che si verifica è l'abbassamento del congelamento della soluzione, che permette una maggiore disidratazione della cellula, assicurando l'espulsione totale dell'acqua dall'interno della cellula. Per riuscire a far si che questo fenomeno si verifichi, logicamente è necessario adoperare il congelamento lento.

Per il congelamento di embrioni umani fondamentalmente vengono usati tre crioprotettori: il DMSO; il Glicerolo e il PPD (Propanediolo sucrosio). Tutte queste sostanze chimiche devono essere attentamente immagazzinate fino al loro uso. Il DMSO ha la proprietà di ossidarsi lentamente, perciò deve essere immagazzinato in posti a temperatura adeguata in contenitori con grandi spazi d'area.

Migliore è la qualità dei crioprotettori, migliore sarà l'interazione tra queste sostanze e la cellula, interazione che può essere verificata dei seguenti fenomeni:

> Tempo d'esposizione all'agente chimico;

> Temperatura a cui avviene l'esposizione;

> Stadio di divisione dell'embrione.

2.4. Sostanze più utilizzate

Le sostanze utilizzate nella crioconservazione di cellule, in questo caso d'embrioni, si dividono in due categorie, così come viene descritto nella seguente tabella:

Tabella 5. Sostanze più utilizzate.

> **Crioprotettori in grado di penetrare attraverso le membrane cellulari:**

- DMSO (DIMETILSOLFOSSIDO)
- GLICEROLO
- PPD (PROPANEDIOLO SUCROSIO)
- PROH (1,2 PROPANEDIOLO)
- GLICOLE ETILENICO

> **Crioprotettori non in grado di penetrare attraverso le membrane cellulari.**

-ZUCCHERI: SACCAROSIO, FRUTTOSIO, GLUCOSIO, DESTROSIO.
- AMIDO
- LIPOPROTEINE
- PVP (POLIVINILPIRROLIDONE)

3. SCONGELAMENTO DEGLI EMBRIONI UMANI

"Lo scongelamento rappresenta l'ultima fase dell'intero processo di crioconservazione e può essere lento o rapido. Le condizioni ottimali per lo scongelamento sono strettamente legate alla modalità di congelamento" [52].

Durante lo scongelamento, sono adoperati i procedimenti inversi a quelli del congelamento. Mentre avvengono questi fenomeni, gli scopi fondamentali sono:

---

[52] *Scongelamento degli ...*
http://www.carlobulletti.com/bulletti/lezioni/criocons.doc.
Roma, 12 febbraio 2003.

> ➤ Reidratare le cellule
> ➤ Rimuovere la sostanza crioprotettiva che ha riempito la cellula.

Nelle seguenti immagini si può vedere l'effetto delle sostanze utilizzate nella crioconservazione:

Description: Cryopreservation. Human hatched blastocyst that developed in culture after vitrification with VS14 at the day 2 cleavage stage.

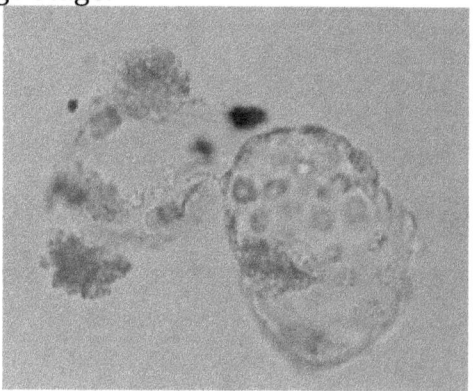

Description: Cryopreservation. Pre-Freezing Morphological Changes in Blastocyst in Cryopreservation Solutions.

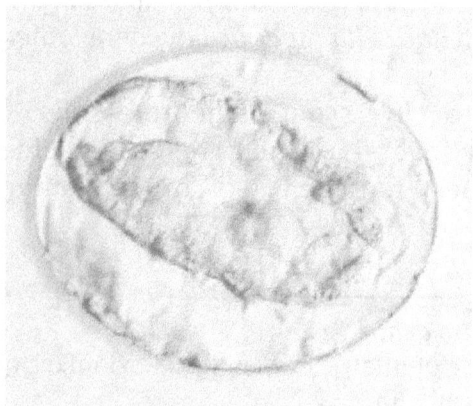

La reidratazione della cellula comincia durante la fase di riscaldamento quando il ghiaccio si scioglie. Così come gli embrioni sono stati congelati lentamente a -60°C prima di essere trasferiti nell'azoto liquido, così anche è necessario che per lo scongelamento gli embrioni vengano deidratati e riscaldati lentamente, è fondamentale questo processo per garantire la vita dell'embrione, quindi è importate una graduale reidratazione, in modo che il riassemblaggio delle strutture subcelullari nell'embrione in nessun momento del processo vengano danneggiate di veloci cambiamenti osmotici.

In genere, quando gli embrioni vengono scongelati, appaiono leggermente più piccoli, questo subito dopo lo scioglimento, indicando una scarsa reidratazione tuttavia necessaria; fenomeno che si verifica a causa dell'elevata concentrazione intracellulare di sostanze crioprotettive, da qui che la reidratazione cellulare e la rimozione della sostanza crioprotettiva intracellulare è in genere un processo combinato. Ed è così che il processo di scongelamento rappresenta la fase ultima del processo di crioconservazione; questo processo può essere lento o rapido. Le condizioni ottimali per lo scongelamento sono strettamente legate alla modalità di congelamento come abbiamo visto.

Di solito se il raffreddamento lento viene interrotto a temperature relativamente elevata cioè più o meno da -30°C a -40°C; nelle cellule rimane una certa quantità di acqua, in questo caso è necessario un riscaldamento rapido e così viene eliminata la possibilità che si formino cristalli d'acqua i quali distruggerebbero la cellula.

Ma, nel caso in cui il processo di congelamento lento della cellula continua fino ad arrivare a -80°C, esse sono molto più disidratate, in questo caso lo scongelamento deve essere portato avanti molto più lentamente e così permettere un'adeguata reidratazione totale della cellula.

Un'altra operazione nel processo dello scongelamento degli embrioni è la rimozione dei crioprotettori dal citoplasma della cellula. Quando questo processo si porta avanti a temperatura ambiente, è opportuno diluire i crioprotettori piano piano a concentrazioni decrescenti così si garantisce che la cellula torni al suo stato normale.

Il migliore metodo per scongelare embrioni criopreservati per mezzo del raffreddamento veloce è riscaldare rapidamente la cellula e così permettere alle molecole d'acqua che si trovano in stato vitreo di passare direttamente allo stato liquido, evitando così il pericolo che si formino cristalli di ghiaccio, i quali possono essere mortali per la sopravivenza dell'embrione.

3.1. Gravidanze avvenute dopo il trasferimento in utero d'embrioni scongelati

"The first pregnancy from cryopreserved human embryos was reported in 1983, and embryo cryopreservation is now an estabilished adjunct to assisted reproductive therapy. The use of superovulation in IVF treatment often results in more embryos than is safe, desirable, or legal to transfer, and surplus embryos may be frozen. Cryopreservation of embryos helps to optimize the pregnancy potential of each IVF cycle and reduces the number of simulation cycles necessary to produce a pregnancy. This has

benefits in terms of cost and, more importantly, in terms of patient safety"[53].

Fino a non molto tempo fa, ciò che fermava le gravidanze con embrioni congelati era il problema dello scongelamento, procedura la quale spesso degenera gli embrioni al punto tale che non possono più svilupparsi.

La capacità di svilupparsi degli embrioni diminuisce con la crioconservazione; infatti, la necrosi di alcune cellule fanno si che gli embrioni dopo lo scongelamento non siano in capacità di svilupparsi.

Negli ultimi anni, gli scienziati sonno stati capaci di portare avanti tecniche ogni giorno più efficaci per andare incontro al problema dello scongelamento, riuscendo a proteggere e conservare sani gli embrioni. L'obiettivo della ricerca è quello di far sì che l'embrione, al momento dell'impianto, sia esattamente identico a quello congelato due, tre o cinque anni prima.

Ciò che si vuole eliminare sono le cellule necrotizzate, che possono liberare sostanze tossiche in grado di alterare le capacità evolutive delle cellule integre.

Una volta che l'embrione è stato scongelato, viene fatto con il laser un forellino di 14 micron di diametro, viene introdotta una micropipetta all'interno e con questa si aspirano tutte le cellule danneggiate; una volta che l'embrione stato "pulito", viene messo in coltura e dopo

---

[53] AVERY M. and BRINSDEN R., *Embryo cryopreservation*, In: DE JORGE C. – BARRATT C., *Assisted Reproductive Technology*, Cambridge University Press, Cambridge 2002, pp. 408ss.

ventiquattro ore è pronto per il trasferimento nell'utero della donna[54].

---

[54] Appropriate embryo selection and correct freezing and thawing procedures allow obtaining an acceptable embryo survival and pregnancy rate. With regard to the duration of embryo storage, it is noteworthy that a pregnancy in a 44-year-old woman following the transfer of embryos which were kept frozen for 7.5 years was recently reported. The efficiency of a freezing program is evaluated on the morphologic integrity of the embryo at thawing, and on its ability to further cleave in vitro and in vitro. Embryos can be considered "surviving" when they keep at least half of their initial blastomeres intact after thawing and dilution of the cryoprotectants (survival index = 50%). On the other hand the survival rate is also expressed as the percentage of surviving embryos among all frozen/thawed embryos and this is usually at last 65%. Surviving zygotes appear intact after thawing, with a clear cytoplasm and no zone pellucid breaches, and are able to cleave in vitro during the next 24 h of culture. Blastocyst survival is more difficult to evaluate.

High survival rates as well as high pregnancy rates are documented with frozen-thawed embryos. A day 2/four.cell or day 3/eight-cell embryo is ideal for freezing. The optimal thawed embryo to transfer is a totally preserved embryo with 100% of intact blastomeres. On average thawed multicellular embryos survive in 70% of cases and about 90% of patients have a transfer. The mean birth rate is 10-15% all over the world.

The transfer of electively cryopreserved embryos in patients at risk of developing severe OHSS allows to obtain pregnancy and delivery rates indistinguishable from those obtained with embryos. The transfer of cryopreserved embryo can be performed during a natural cycle without any pharmacologic support, during an artificial cycle employing gonadotropin-releasing hormone (GnRH) analog desensitization and micronized estradiol or during a semi-artificial cycle with micronized estradiol only. A progesterone supplementation is

La sperimentazione si pone l'obiettivo di raggiungere le 250-300 nascite in due anni per verificare ulteriormente la sicurezza di questa metodica. Alcuni ricercatori australiani e spagnoli, infatti, hanno evidenziato come lo scongelamento che deve essere eseguito in particolari fasi della meiosi, possono portare ad alterazioni cromosomiche, in realtà sino ad ora non accertate[55]. Per chiarire il pericolo malformazioni, ci si propone di arruolare 1.100 coppie in cui la donna non abbia compiuto i 38 anni.

Per l'esito della tecnica è necessario che ci sia una sincronia tra lo scongelamento e il trasferimento. A questo scopo sono state utilizzate due procedure riguardanti alla sincronizzazione:

> ➤ Il momento dello scongelamento dell'embrione;

> ➤ Il momento preciso in cui l'organismo della donna si trova pronto per ricevere l'embrione.

---

given in both pharmacologic protocols. PORCU E. – CIOTTI M. – FABBRI R. ed al., *Human Embryo freezing*, In: AA.VV., *Biotechnology of Human Reproduction*, The Parthenon Publishing Group, New York 2003, pp. 214ss; sul tema vedere anche: EDGAR DH. – BOURNE H. – SPEIRS AL. – MCBAIN JC., *A qualitative analysis of the impac of cryopreservation on the implantation potential of human early cleavage stage embryos*, Huma Reprod, 2000 Jan., 15 (1), p. 175ss.
55 MENEZO Y. – VEIGA A. – POULT J., *Assisted reproductive technology (ART) in human: facts and uncertainties*, Theirogenelogy 2000; 53, pp. 595ss.

Questi due momenti, il disgelo e la disponibilità dell'apparato riproduttivo in ciò che riguarda al periodo dell'ovulazione[56] è molto importante affinché si verifichi l'attecchimento dell'embrione nell'utero e così garantire il successivo sviluppo[57].

3.2. Problemi nel trasferimento in utero d'embrioni scongelati[58]

Ogni giorno gli scienziati cercano nuove tecniche sempre più avanzate che permettono un successo sempre più elevato.

Ed è così che gli scienziati sono stati capaci di identificare e prelevare cellule che possono distruggere gli embrioni dopo lo scongelamento.

Nella ricerca sono stati inoltre confrontati i risultati ottenuti dagli embrioni danneggiati non trattati e dagli embrioni ai quali sono state aspirate le cellule necrotiche[59]:

---

[56] EDGAR DH. – BOURNE H. – JERICHO H. – MCBAIN JC., *The developmental potential of cryopreserved human embryos*, Mol Cell Endocrinol. 2000 Nov 27, pp. 69-72.

[57] *Crioconservazione e trasferimento di...* http://www.cecos.it/info_sterilita.php. Roma, 14 giugno 2003.

[58] FRIDLER S. – BEN-SHAACHAR I. – ABRAMOV Y., *Ruptured Tubo-ovarian abscess complicating transcervical cryopreserved embryo transfer*, Fertil Steril 1996, 65 (5), pp. 1065-1066;

[59] MOFFA F. – ZHANG J. and REVELLI A., *Techniques for embryo manipulation in human reproduction*, In: AA.VV., *Biotechnology of Human Reproduction*, The Parthenon Publishing Group, New York 2003, pp. 337-346.

> ➤ Nei primi erano state ottenute gravidanze nell'11,4% dei casi e il tasso d'impianto embrionario era del 4,3%;

> ➤ Nei secondi, cioè, negli embrioni privati delle cellule necrotiche erano state ottenute gravidanze nel 40% dei casi, con un tasso di impianto pari al 16,2%.

La percentuale di sopravivenza degli embrioni dopo lo scongelamento è inversamente proporzionale alla durata della crioconservazione di -196° e alle modalità di scongelamento.

Secondo i dati dell'ASRM (American society for Reproductive Medicine) e della SART (Society for Assisted Reproductive Technology), la sopravivenza degli embrioni allo scongelamento varia dal 50 all'80%; la percentuale di parti sugli embrioni trasferiti è stata:

> ➤ Del 18,6% nel 1999 (American society for Reproductive Medicine – Society for Assisted Reproductive Technology Registry, *Assisted reproductive technology in the United States: 1999*).

> ➤ Del 20,4% nel 2000 (Society for Assisted Reproductive Technology - American society for Reproductive Medicine, *Assisted reproductive technology in the United States: 2000*).

CAPITOLO SECONDO

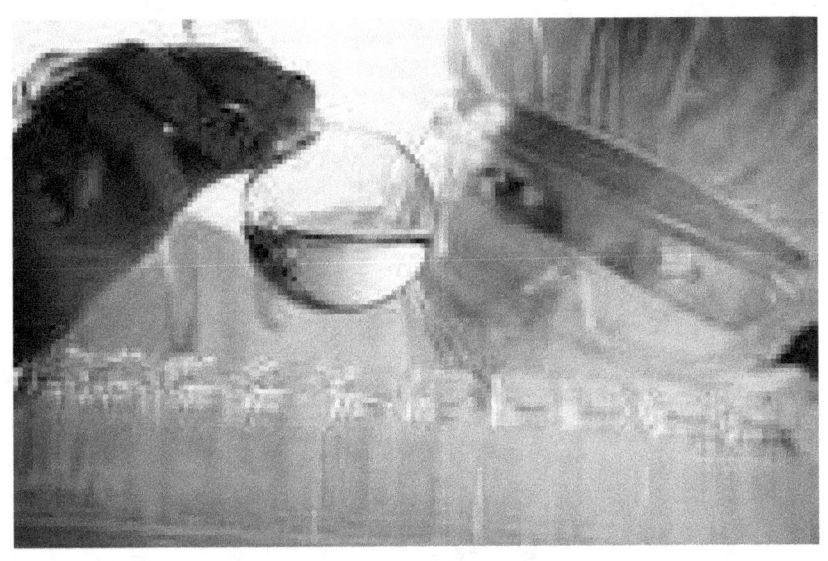

EMBRIONI UMANI: SPERIMENTAZIONE E ASPETTI GIURIDICI

Il frutto della generazione umana, dal primo momento della sua esistenza, e cioè a partire dal costituirsi dello zigote, esige il rispetto incondizionato che è moralmente dovuto all'essere umano. L'essere umano va rispettato e trattato come una persona fin dal suo concepimento, dall'unione dei due elementi cioè dell'ovulo con lo spermatozoo e pertanto, da quello stesso momento gli si devono riconoscere i diritti di persona, tra i quali anzitutto il diritto a nascere e crescere, persino di quel individuo che ancora non può scegliere da se stesso, non può decidere da se stesso, però che ha tutte le qualità, ha tutte le potenzialità per essere un individuo che pensa, che sceglie e che decide[60].

---

[60] CONSIGLIO D'EUROPA, *Convenzione per la protezione dei diritti dell'uomo e la dignità dell'essere umano riguardo alle applicazioni della biologia e della medicina: Convenzione sui diritti dell'uomo e la biomedicina,* (19-11-1996), pubblicata su "Medicina e Morale" 1997, 1, pp. 128-149.

Nel documento citato, sulla Convenzione sui diritti dell'uomo e la biomedicina del Consiglio d'Europa, troviamo la risposta del perché l'embrione dovrà essere difeso nella sua integrità, curato e guarito, nella misura del possibile, come ogni altro essere umano nell'ambito dell'assistenza medica. Facendo una chiara differenza tra intervento terapeutico e non terapeutico, come afferma la World Medical Association, «Declaration of Helsinki»[61].

L'embrione umano, congelato o no, ha dei diritti fondamentali perché è un individuo umano, ha la dignità propria della persona, cioè, è titolare di costitutivi indispensabili perché l'attività connaturale ad un essere possa svolgersi secondo un proprio principio vitale.

Dobbiamo dire che non c'è una via d'uscita moralmente lecita per il destino delle migliaia d'embrioni congelati, ma, non per questo possono essere utilizzati nella sperimentazione, si devono cercare altre soluzioni meno ingiuste.

"Il dilemma degli embrioni umani come soggetti di sperimentazione.- ...Ora, perché essi sono ormai irreversibilmente destinati a morire, il loro eventuale impiego come soggetti di sperimentazione per fini terapeutici sembrerebbe abbastanza ragionevole, sia che ci si appelli al principio del maggior bene per il maggior numero di persone, come propone l'utilitarismo, sia che si invochi l'eccezione del

---

[61] WORLD MEDICAL ASSOCIATION, *Declaration of Helsinki. Recommendation guiding physicians in biomedical research involving human subjet,* Helsinki 1964 e emendamenti di Tokyo 1975, Venezia 1983, Hong Kong 1989, South Africa 1996. Il Testo in lingua originale è riportato in Medicina e Morale 1996; 4, pp. 792-799.

male minore. Tuttavia occorre considerare che il male minore è una alternativa da tollerare, non da procurare attivamente; inoltre il concetto di utilità non può avere un ruolo decisivo quando si ha a che fare con la vita e l'integrità di esseri umani...."[62].

Gli organismi mondiali difensori della vita, non cessano mai di richiamare l'attenzione sul fatto dell'importante tutela legale dell'embrione, quindi della reale importanza che ha lo statuto giuridico dell'embrione umano.

Questo dibattito si è fatto ancora più attuale quando in alcuni paesi si è data la legalizzazione dell'aborto e il discorso della fecondazione artificiale non trova regole concrete. Dibattito che ha diviso la società in due branche: una che vede nell'embrione, non un essere umano ma semplicemente un cumulo di cellule per cui viene chiamato pre-embrione[63]; un altro gruppo, quello che sostiene che l'embrione è essere umano con tutta la loro individualità dal momento del concepimento, dal momento in cui l'ovulo e lo spermatozoo si uniscono[64].

---

[62] CARRASCO DI PAULA I., *La ricerca e l'uso terapeutico di cellule staminali embrionali: un nuovo dilemma per la bioetica, (Il dilemma degli embrioni umani come soggetto di sperimentazione),* In: ZANINELLI S., (a cura di), *Scienza, tecnica e rispetto dell'uomo,* Vita e Pensiero, Milano 2001, p. 119.

[63] WARNOCK A., A national Ethics Committee, (British Medical Journal), 1988, 297, pp. 1626-1627.

[64] COMITATO NAZIONALE PER LA BIOETICA, *Identità e statuto dell'embrione umano,* Presidenza del Consiglio dei Ministri – Dipartimento per l'Informazione e l'Editoria, Roma 1996; CONGREGAZIONE PER LA DOTTRINA DELLA FEDE, *Istruzione sul rispetto della vita umana nascente e la dignità della procreazione (22*

Da qualche anno, vengono utilizzati molti embrioni umani, nella ricerca di cellule staminali, ma ora grazie alla ricerca in altri campi, si è arrivati a affermare e a dimostrare che per sperimentare con cellule staminali non sono più necessari gli embrioni, si può fare anche esperimenti con cellule staminali che vengono prelevate diversamente[65].

Il dibattito Bioetico internazionale, si deve orientare verso una riflessione personalista, nella quale al centro di tutto deve essere la persona umana, è soltanto di qui che si può sperare una progressione dei diritti per l'embrione.

Infatti, la bioetica personalistica afferma che l'embrione non può essere considerato una cosa da esperimento e a suo favore vanno creati opportuni strumenti di tutela perché appunto si parte da una riflessione filosofica personalista dove l'essere umano, ontologicamente dal concepimento è una entità di diritti[66].

Il principio di difesa della vita umana deve essere sopra qualunque altra finalità utilitarista, contro qualunque prospettiva di sperimentazione, la quale comporta sempre la soppressione, l'eliminazione dell'embrione[67].

---

febbraio 1987), Libreria Ed. Vaticana, Città del Vaticano 1987, I. 1; UNIVERSITÀ CATTOLICA DEL SACRO CUORE, *Sviluppo scientifico e rispetto dell'uomo. A proposito dell'utilizzo degli embrioni umani nella ricerca sulle cellule staminali*, Ottobre 2000.

[65] LOEFFLER M. - POTTEN C., *Stem cells and cellular pedigrees - a conceptual introduction*, In: POTTEN C. (ed), *Stem Cells*, Academic Press, London 1997, pp. 1-27.

[66] COLOMBO R., *Statuto Biologico e statuto ontologico dell'embrine e del feto umano*, Anthropotes, 1996, XI, p. 132ss.

[67] ASSEMBLEA PARLAMENTARE DEL CONCILIO D'EUROPA, *Raccomandazione n. 1100 (1989) sull'utilizzazione degli embrioni e dei feti umani nella ricerca scientifica*, Strasburgo 1989;

1. SPERIMENTAZIONE CON EMBRIONI UMANI

"Per "ricerca" si intende un procedimento induttivo-deduttivo, teso a promuovere l'osservazione sistematica di un dato fenomeno in campo umano o a verificare un'ipotesi emersa da precedenti osservazioni; per "sperimentazione" si intende, invece, una ricerca, in cui l'essere umano rappresenta l'oggetto mediante il quale o sul quale s'intende verificare l'effetto, sconosciuto o ancora non ben conosciuto, di un dato trattamento (ad esempio farmacologico, teratogeno, chirurgico).

Si possono, allora, considerare "ricerca" tutti quegli studi finalizzati alla conoscenza delle fasi dell'embriopoiesi o delle modalità di impianto dell'embrione in utero, mentre rientrano nel novero di sperimentazione gli studi di nuove

---

CASTILLA B., *Comienzo de la vida humana, Aspectos filosòficos*, Cuadernos de Bioetica 1997, pp. 113ss.

tecniche diagnostiche, dell'effetto di sostanze teratogene ma anche abortive ecc....

Un'altra distinzione va fatta tra sperimentazione terapeutica e sperimentazione non terapeutica. Mentre la sperimentazione non terapeutica ha come scopo quello di ampliare le conoscenze scientifiche ma di non giovare in alcun modo a chi viene sottoposto alla procedura sperimentale, diversa è, invece, la finalità della sperimentazione terapeutica, nel corso della quale -come precisa la Dichiarazione di Helsinki- "nel trattamento della persona malata, il medico è libero di usare una nuova tecnica diagnostica o una nuova terapia, se a suo giudizio offre speranza di salvare la vita, ristabilendo la salute o alleviando la sofferenza"[68].

Tutte le tecniche di fecondazione artificiale, sia nella forma omologa come quella eterologa, producono necessariamente embrioni umani, i quali possono venire utilizzati subito, sia nel trasferimento in utero per una possibile gravidanza, altrimenti vengono usati nella sperimentazione o congelati e conservati.

Il primo destino degli embrioni congelati è la sperimentazione[69], se non sono utilizzati nella

---

[68] DI PIETRO M. L. – SGRECCIA E., *Procreazione assistita e fecondazione artificiale (tra scienza, bioetica e diritto)*, Editrice la Scuola, Brescia 1999. pp. 93ss.

[69] Connesso con il tema della produzione soprannumeraria è quello della sperimentazione embrionale, la qual è proposta come modo di rendere "utili" i "prodotti del concepimento" "avanzati". Piuttosto che "buttarli via" perché non consentire la loro utilizzazione da parte della "scienza"? Anzi, poiché la fecondazione in vitro di per sé non comporta automaticamente l'obiettivo della nascita di un bambino, perché non "produrre"

sperimentazione vengono eliminati, questa eliminazione è arbitraria, ogni paese, da delle indicazioni per determinare quanto tempo è il più prudente per tenere nel congelatore queste vite umane per poi eliminarle[70].

Nella ricerca e nella sperimentazione sono utilizzati sia embrioni freschi che congelati i quali non sono stati trasferiti nell'utero materno, o semplicemente ci sono embrioni che sono creati appositamente per la sperimentazione.

La ricerca su questi embrioni creati per la sperimentazione, in primo momento si è indirizzata all'approfondimento delle conoscenze sulle prime fasi dello sviluppo del nuovo essere umano, man mano che si addentrava in questa conoscenza si migliorava anche negli altri campi come per esempio: al miglioramento dei terreni di coltura di embrione, a sviluppare nuove terapie di trasferimento dell'embrione nell'apparato riproduttivo della donna e anche a provare nuove tecniche di congelamento o crioconservazione.

Tutti questi interventi sono molto discussi nell'ambito dell'etica (tema il quale sarà trattato nel quarto capitolo). Nel presente capitolo si studierà l'aspetto scientifico della sperimentazione con embrioni umani e il loro aspetto giuridico.

---

embrioni esclusivamente per scopi scientifico-sperimentali, così come avviene senza problemi per gli animali?... non c'è neppure bisogno di ricorrere ad una "produzione" specificamente destinata alla ricerca sperimentale: bastano gli embrioni soprannumerari in origine destinati al trasferimento in utero, ma poi "avanzati". CASINI C. *Abbandono di embrioni umani e adozione*, In supplemento Sì alla Vita, Mensile del Movimento per la vita Italiano, n. 4, aprile 1999, p. 3.

[70] Ibi, p. 2.

1.1. Ricerche delle biotecnologie applicate all'uomo

Le nuove biotecnologie oltre a creare un forte potere di pressione in chi ha interesse ad accedervi, conferisce un potere forse ancora più forte perché più generalizzato, ai detentori delle conoscenze biotecnologiche stesse[71].

Le ricerche condotte negli ultimi anni sulle cellule embrionali hanno permesso di comprendere che possono essere utilizzate per ottenere farmaci e vaccini nuovi, cellule che servono per i trapianti e anche per la rigenerazione dei tessuti, tecniche di analisi che non servono soltanto per la prevenzione ma si possono anche utilizzare nella cura delle malattie genetiche[72].

Nel campo delle biotecnologie, la scienza ogni giorno fa passi da gigante, e questo lo possiamo osservare nelle tecniche di diagnosi preimpianto[73], le quali oggi sono molto

---

[71] ZHANG S. – WERNIG M. – DUNCAN I., *In vitro differentiation of trasplantable neural precursors from human embryonic stem cell*, Nat Biotechnol 2001; 19, pp. 1129-1133.

[72] SCHLATT S., *Transplantation of male germ line stem cells: a technique for man?*, In: REVELLI A. - TUR-KASPA I. – HOLDE J. – MASSOBRIO M., *Biotechnology of Human Reproduction*, The Parthenon Publishing Group (International Publishers in Medicine, Scienze & Technology), New York-London 2003, pp. 453-458.

[73] La diagnosi preimpianto si è sviluppata in seguito all'introduzione delle tecniche di fecondazione artificiale (FIV e ICSI) al fine di aumentare il successo selezionando gli embrioni più adatti per il trasferimento in utero. In particolare, la diagnosi genetica reimpianto viene anche considerata una forma alternativa di diagnosi prenatale al fine di individuare

più rapide ed efficaci di quelle del passato, però altrettanto immorali, perché sono terapie al cento percento invasive che denigrano la dignità dell'essere umano e lo mettono in serio pericolo[74].

Riuscire a leggere la sequenza del DNA e individuare gli errori nella successione delle basi, anche è un altro successo delle conquiste dell'ingegneria genetica; questa diagnosi aiuta a prendere decisioni nell'andamento di una gravidanza, il fatto è che la ricerca di mutazione nel DNA di cellule tumorali, o quelle di un feto aiutano nelle decisioni delle scelte mediche più appropriate[75].

---

aneuploidie comuni o legate all'età della donna nelle coppie sterili, o per ridurre la trasmissione alla prole di serie malattie genetiche nelle coppie fertili. DI PIETRO M.L. – GIULI A. – SERRA A., *La diagnosi preimpianto*, In: «Medicina e Morale» 2004;3, pp. 469ss.

[74] NOIA G. – CARUSO A. – MANCUSO S., *Le terapie fetali invasive*, Società Editrice Universo, Roma 1998; REUBINOFF B. – ITSYKCON P. – TURETSKY T., *Neural Progenitors from human embryonic stem cell*, Nat Biotechnol 2001; 19, pp. 1134-1140.

[75] Medical engineers develop sophisticated quantitative methods of measurement and analysis for the diagnosis and treatment of health problems. Those methods typically draw on an understanding of various biomedical sciences, including normal and pathological physiology. For example, biomedical engineers use engineering methods to study the stresses and pressures in human joints so that they can develop replacements and study the mechanisms of cellular excitation and electrical propagation in tissues so that they can improve cardiac pacemakers. Their work includes the design, development, testing, and refinement of medical devices and procedures to prevent, diagnose, and treat trauma and disease. For example, biomedical engineers developed magnetic resonance imaging (MRI) not only as a new technique for non-invasive diagnosis but also to guide the

Certamente tutte queste nuove tecniche producono non poche perplessità, il discorso etico entra nel momento in cui c'è manipolazione genetica, sebbene sia pressoché unanime il consenso sulle applicazioni biotecnologiche in campo medico, il semplice fatto di modificare le cellule somatiche di un individuo per curare i difetti genetici provoca discussione perché il pericolo è reale, nessuno ci può garantire che tutte queste nuove tecnologie saranno tutte brevettate e che nel futuro arrivino a costruire individui fatti su misura e a richiesta[76].

"Il brevetto industriale in tutte le legislazioni viene configurato come un procedimento atto a riconoscere la proprietà intellettuale dell'inventore sopra il risultato dell'invenzione e, nel contempo, a garantirgli una remunerazione. Scopo ultimo di questo riconoscimento e quello di incentivare lo sviluppo industriale. Le condizioni perché sussista la base giuridica per la brevettabilità è che si tratti di un prodotto nuovo, implichi un'attività inventiva e possa avere un'applicazione industriale. Sotto questo profilo il brevetto rivela un preciso valore commerciale e sancisce una proprietà anche se limitata per legge ad un numero definito d'anni"[77].

---

treatment of tumours. POST S. (edit by), ENCYCLOPEDIA OF BIOETHICS (3dr Edition) *Biomedical Engineering*, New York 2004, pp. 313ss.

[76] POMPIDOU A., *Research on the human genome and patentability – The ethical consequences*, "J. Med. Ethics", 1995, 21, pp. 69-71.

[77] SGRECCIA E., *Manuale di Bioetica*, Volume I, Vita e Pensiero, Milano 1999 (Seconda ristampa della terza edizione: 2003), p. 337ss.

Gli esseri umani copia, organismi pluricellulari geneticamente identici chiamati "cloni"[78], non sono altro che riproduzione di frammenti di DNA. La tecnica più comune e più conosciuta per praticare la clonazione è il cosiddetto nucleo transfer.

Ma da non molto tempo si viene adoperando una nuova tecnica per arrivare ad avere cloni ed è la fissione gemellare; tecnica che consiste nel dividere le cellule embrionali entro i primi quattordici giorni dello sviluppo dell'embrione; queste cellule che sono state divise sono in grado di continuare il loro sviluppo di maniera autonoma e così produrre esseri identici (come verrà detto nel numerale 1.4. di questo capitolo dove viene sviluppato il tema della clonazione).

In quest'autonomia hanno a che vedere le cellule totipotenti o indifferenziate, queste cellule con l'andare avanti dello sviluppo dell'embrione si specializzano arrivando così a formare soltanto un tipo di tessuto, cosi sarà possibile creare in laboratorio i diversi organi, i quali dopo possono essere utilizzati come pezzi di ricambio[79].

Le biotecnologie applicate all'uomo entrano direttamente nel discorso della futura società, perché questi cittadini saranno il futuro della nostra civiltà e dunque l'individuo deve essere rispettato come parte di un corpo sociale che condivide diritti e doveri.

---

[78] AMIT M.- CAMPERTER M. – INOKUMA M., et al, *Clonally derived human embryonic stem cell lines maintain pluripotency and proliferative potential for prolonged periods of culture*, Dev Biol 2000; 227, pp. 271-278.

[79] SERRA A., *Verso la clonazione dell'uomo. Una nuova frontiera della scienza*, La Civiltà Cattolica 1998; I, pp. 224-234; AA.VV., *Clonazione: problemi etici e prospettive scientifiche*, Milano: Le Scienze, 1997.

Le biotecnologie in maniera speciale, la biomedicina deve rispettare l'individuo poiché membro della specie umana; di fronte alle nuovissime conquiste dell'ingegneria genetica, si deve fare attenzione a non mettere in pericolo non solamente l'uomo ma si deve fare attenzione a non ledere la stessa identità del genere umano.

Per tali ragioni si deve attentamente analizzare la compatibilità dei progressi scientifici con la dignità umana[80].

1.2. La terapia genica applicata all'uomo[81]

La terapia genica serve per analizzare malattie tali come quella causata dalla presenza nel genoma di uno o più geni difettosi, oppure dalla loro mancanza. La terapia genica utilizza tecniche dell'ingegneria genetica che si classifica in terapia additiva e sostitutiva; la prima consiste nell'immettere nel genoma il gene mancante, e la seconda

---

[80] GITTI A., *La Corte europea dei diritti dell'uomo e la Convenzione sulla biomedicina*, "Rivista internazionale dei diritti dell'uomo", 1998, p. 719ss; DE SALVIA C., *La Convenzione del Consiglio d'Europa sui diritti dell'uomo e la biomedicina*, In: *I diritti dell'uomo. Cronache e battaglie*, 2000, pp. 99ss.

[81] ZAPOROZHAN V. – SOBOLEV R., *Genetic factors of female infertility*, In: REVELLI A. -TUR-KASPA I. – HOLDE J. – MASSOBRIO M., *Biotechnology of Human Reproduction*, The Parthenon Publishing Group (International Publishers in Medicine, Scienze & Technology), New York-London 2003, pp. 261-278; KENT-FIRST M., *Molecular biology of the human Y chromosome*, In: REVELLI A. - TUR-KASPA I. – HOLDE J. – MASSOBRIO M., *Biotechnology of Human Reproduction*, The Parthenon Publishing Group (International Publishers in Medicine, Scienze & Technology), New York-London 2003, pp. 279-300.

cioè la terapia sostitutiva consiste nella sostituzione del gene difettoso con uno sano. Come possiamo vedere l'ingegneria genetica fa con la vita umana ciò che fa l'ingegneria elettronica con un computer, permettere che continui a funzionare aggiustando i componenti.

La terapia genica additiva è stata utilizzata per la prima volta, sulla malattia genetica chiamata *Scid*, questa malattia è causata dall'assenza di un gene, il quale sintetizza un enzima capace di inibire l'accumulo di una sostanza tossica per i globuli bianchi; l'assenza di questo enzima, implica la morte dei globuli bianchi, la quale a loro volta produce la stessa immunodeficienza provocata dall'AIDS; il malato a questo punto è esposto a qualsiasi tipo di infezione e deve essere costantemente curato con la somministrazione dell'enzima mancante.

Però l'enzima somministrato viene rapidamente neutralizzato dagli stessi globuli bianchi perché è una sostanza estranea. Questo problema è oggi affrontato introducendo, per mezzo di un virus, il gene mancante nelle cellule del midollo osseo progenitrici dei globuli bianchi e così non avviene la neutralizzazione dell'enzima da parte dei globuli bianchi ma l'assume come una componente propria[82].

L'ipercolesterolemia è un'altra malattia che si tenta di affrontare con la terapia genica, questa malattia si caratterizza dalla presenza di un eccesso di colesterolo nel sangue. L'anomalia è causata dalla mancanza di un gene che dispiega la sua attività nelle cellule del fegato.

---

[82] CRAM D. – DE KRETSER D., *Genetic diagnosis: the future*, In: DE JORGE CH. and BARRATT CH., *Assisted Reproductive Technology*, Cambridge University Press 2002, pp.186-205.

C'è una malattia frutto della mancanza di un gene che controlla il passaggio degli ioni cloro attraverso la membrana cellulare che si chiama *Fibrosi Cistica*, anche essa può essere guarita con la terapia genica. Questa è una gravissima malattia che si manifesta con la continua produzione di muco da parte delle cellule polmonari, le quali diventano molto sensibili agli attacchi degli agenti patogeni.

In un futuro non molto lontano potranno essere guarite altre malattie ereditarie dovute alla mancanza di un gene, ed è così che la terapia genica avrà una risposta a:

> ➤ L'emofilia,

> ➤ La distrofia muscolare,

> ➤ L'anemia falciforme e

> ➤ La talessemia o anemia mediterranea.

Senza dubbio vi sono tante speranze per la cura del cancro[83]; in questo caso, si tratta di riuscire a trasferire nei malati geni che codificano per fattori che possono favorire la morte delle cellule tumorali e stimolare la risposta immunitaria.

"Germ cell transplantation is a new technique. It opens interesting scenarios for basic research and has

---

[83] ASLAM I. - FISHER S. – MOORE H. et al., *Fertily preservation of boys undergoing anti-cancer therapy*, Human Reprod 2000; 15, pp. 2154-2159; RADFOLRD J. – SHALET S. – LIBERMAN B., *Fertility after treatment for cancer*, Br Med J., 1999; 31, pp. 935ss.

inmediate implications for human medicine. However, as these new applications consist of combinations of a variety of techniques that incorporate cell isolation and cell sorting approaches, in vitro systems for stem cell expansion, strategies for cryopreservation, and other tools of extracorporeal storage of cells, the range and the importance of future applications is difficult to judge and remains to be elucidated"[84].

Ma, per arrivare fin qua, la terapia genica deve superare delle serie difficoltà, come per esempio, riuscire a decifrare l'estrema complessità del genoma umano, e le interazioni fra più di 80.000 geni e le proteine, ciò rende difficile la regolazione di qualsiasi gene introdotto dalla terapia.

Inoltre, mentre è relativamente facile intervenire sulle malattie ereditarie di tipo recessivo dovute alla mancanza di un gene, molto più arduo è prevedere la possibilità di intervenire sulle malattie di tipo dominante nelle quali il problema è rappresentato dalla presenza di un gene indesiderato.

Una prospettiva è comunque offerta dall'introduzione di geni *antisenso* che all'atto della trascrizione forniscono un RNA complementare a quello del gene indesiderato; i due RNA tenderebbero ad ibridarsi impedendo così la sintesi della proteina patogena[85].

---

[84] SCHLATT S., *Transplantation of male germ line stem cells: a technique for man?* In: AA.VV., *Biotechnology of Human Reproduction*, The Parthenon Publishing Group, New York 2003, p. 456.
[85] ROBERTSON S. - KENNEDY M. - KELLER G., *Hematopoietic commitment during embryogenesis*, Annals of the New York Academy of Sciences 1999, 872, pp. 9-16; KONO T., *Nuclear*

Per concludere, dobbiamo dire che fino ora, poche delle promesse della terapia genica sono stati applicate perché ancora manca molto per arrivare alla perfezione, ma gli sperimenti compiuti stanno producendo una grande quantità di conoscenze che nel futuro senz'altro saranno di grande aiuto per la medicina, speriamo che anche l'aspetto giuridico sia accuratamente rivisto affinché meno diritti vengano calpestati dallo sfrenato sviluppo della scienza e della tecnologia.

1.3. Cellule staminali[86]

Quando studiamo anatomia e fisiologia ci rendiamo conto quanto è complesso il corpo umano, formato da numerosi organi e tessuti i quali a loro volta sono composti di vari tipi di cellule, le quali sono capaci di organizzarsi in maniera specifica: cellule nervose, cellule del sangue, cellule della pelle ecc. Ci sono tante caratteristiche che le fanno differenti una dall'altra, queste caratteristiche

---

Tranfer and reprogramming, (Review of Reproduction), 1997, 2, pp. 74-80; CIBELLI J. – KIESSLING A. – CUNNIF K, et al., *Somatic cell nuclear transfer in humans: pronuclear and early embryonic development*, Regen Med 2001;2, pp. 25-31; RIDEOUT W. – EGGAN K. – JAENISCH R., *Nuclear cloning and epigenetic reprogramming of the genome*, Science 2001; 293, pp. 1093-1098.

[86] POTTEN C. (ed), *Stem Cells*, Academic Press, London 1997, pp. 474; ORLIC D. - BOCK T - KANZ L., *Hemopoietic Stem Cells: Biology and Transplantation*, Ann. N. Y. Acad. Sciences, vol. 872, New York 1999, pp. 405; LEMISCHKA I., *Searching for stem cell regulatory molecules: Some general thoughts and possible approaches*, Ann. N.Y. Acad. Sci. 1999, 872, pp. 274-288; GAGE H., *Mammalian neural stem cells*, Science 2000, 287, pp. 1433-1438.

possono essere: grandezza, forma, struttura, la capacità di muoversi, crescere, dividersi e persino morire.

Staminale viene chiamata una cellula perché fondamentalmente ha due caratteristiche:

> ➢ La capacità di riprodursi senza differenziarsi, cioè la capacità di auto rinnovamento senza limiti.

> ➢ La capacità di dare origine a cellule progenitrici, dalle quali discendono popolazioni di cellule altamente differenziate nelle incirca 254 tipi di cellule, fra queste: cardiache, ematiche, epatiche, nervose, muscolari, ecc.

Nell'essere umano, durante il suo sviluppo, quando viene raggiunto lo stadio di blastula, ogni sua cellula è detta totipotente perché è in grado di dare origine a uno qualsiasi dei 254 diversi tipi cellulari dai quali vengono formati tutti i tessuti dell'uomo adulto. Nelle successive fasi del loro sviluppo le cellule totipotenti perdono in parte questa capacità e diventano cellule multipotenti ognuna delle quali può ancora evolvere verso molti tipi di cellule ma non verso tutti i tipi[87].

---

[87] La produzione delle cellule staminali embrionali. Essa esige: a) la produzione di embrioni umani in vitro o la utilizzazione di quelli sopravanzati ai trattamenti di fecondazione in vitro nelle pratiche di riproduzione tecnicamente assistita, crioconservati o meno; b) il loro sviluppo fino allo stadio di blastociste di circa 60-120 cellule; c) il prelevamento, da queste cellule - circa 30-40 - che ne costituiscono l'embrioblasto o massa cellulare interna (ICM): operazione che implica l'arresto dello sviluppo

Le cellule multipotenti formano tre strati o foglietti embrionali che sono denominati ectoderma, mesoderma ed endoderma. Dall'ectoderma avrà origine l'epidermide con i capelli, i peli, le ghiandole sebacee e le ghiandole sudoripare, e inoltre formerà il sistema nervoso con il cervello e il midollo spinale. Dal mesoderma si svilupperanno il tessuto sottocutaneo, i muscoli, lo scheletro, i vasi sanguigni, i dotti linfatici, i reni, le ghiandole sessuali, il tessuto connettivo e i globuli rossi. L'endoderma formerà l'intestino, i polmoni e il sistema urinario.

Le cellule multipotenti, continuando il loro sviluppo, si trasformano prima in «pluripotenti» e poi diventano cellule specializzate e quindi diventano «unipotenti» con la capacità di eseguire solo un compito. Questo importante passaggio da cellule pluripotenti ad unipotenti o specializzate non avviene per tutte le cellule durante lo sviluppo embrionale ma continua anche in alcuni tessuti dell'organismo adulto come appunto nel fegato, che conserva la capacità di rigenerarsi.

Le cellule pluripotenti o totipotenti sono chiamate anche "embrionic stem cell (ESC)"[88]. Queste cellule, essendo in grado di dare origine a tutti i tessuti dell'organismo

---

embrionale e la distruzione dell'embrione; d) la coltura di queste cellule, con particolare accorgimenti e in adatti terreni, fino alla formazione di linee cellulari capaci di moltiplicarsi indefinitamente conservando le caratteristiche di cellule staminali embrionali per mesi e anni. SERRA A., *L'uomo – embrione (Le cellule staminali embrionali)*, Edizioni Cantagalli, Siena – Marzo 2003, pp. 88ss.

[88] LAWLER A. and GEARHART J., *Embryonic stem cells*, In: DE JORGE CH. and BARRATT CH., *Assisted Reproductive Technology*, Cambridge University Press 2002, pp. 167-177.

possono essere utilizzate in svariate terapie. Esse si possono trovare nelle gonadi di un embrione, negli embrioni congelati dopo le tecniche di fecondazione in vitro, nell'ovaia e nei testicoli[89].

Si possono anche ottenere attraverso il trasferimento del nucleo di cellule umane di un adulto in un uovo privo di nucleo[90]. Queste cellule così ottenute vengono poi stimolate a dividersi in provetta per produrre cellule embrionali umane. Alcuni tessuti già differenziati, tali come midollo osseo, fegato, cervello, cordone ombelicale; contengono cellule pluripotenti, che sono in grado di riprodursi sé stesse e di evolvere in cellule mature dell'organo al quale appartengono.

Le staminali d'organo hanno rivelato la possibilità di generare anche cellule mature d'organi diversi da quelli da cui sono estratte. Questa tecnica entra nella così detta "Ingegneria dei tessuti".

Si tratta di un insieme di tecniche per produrre in vitro pelle, cartilagini, ossa e organi semiartificiali da utilizzare nelle terapie dei trapianti. Ma questo è soltanto

---

[89] CLARKE D. - JOHANSSON C. - FRISEN J. et al., *Generalized potential of adult neural stem cells*, Science 2000, 288, pp. 1660-1663; BRUSTLE O. - JONES K. - LEARISH R. et al., *Embryonic stem cell-derived glial precursors: a source of myelinating transplants*, Science 1999, 285, pp. 754-756; MCDONALD J. - LIU X-Z., et al., *Transplanted embryonic stem cells survive, differentiate and promote recovery in injured rat spinal cord*, Nature Medicine 1999, 5, pp. 1410-1412.

[90] PITTENGER M. – MACKAY A. – BECK S. et al., *Multilineage potential of adult human mesenchymal stem cells*, Science 1999, 284, pp. 143-147.

l'inizio. In un futuro non molto lontano l'ingegneria dei tessuti non soltanto lavorerà su epidermide, cartilagini e tendini, ma andrà molto più in avanti, gli obiettivi nel futuro sono molto più ambiziosi; si pensa di ricostruire organi interi, come il fegato o il pancreas (come viene illustrato nella seguente immagine), risolvendo così i problemi di reperibilità di organi e i rigetti tipici dei trapianti:

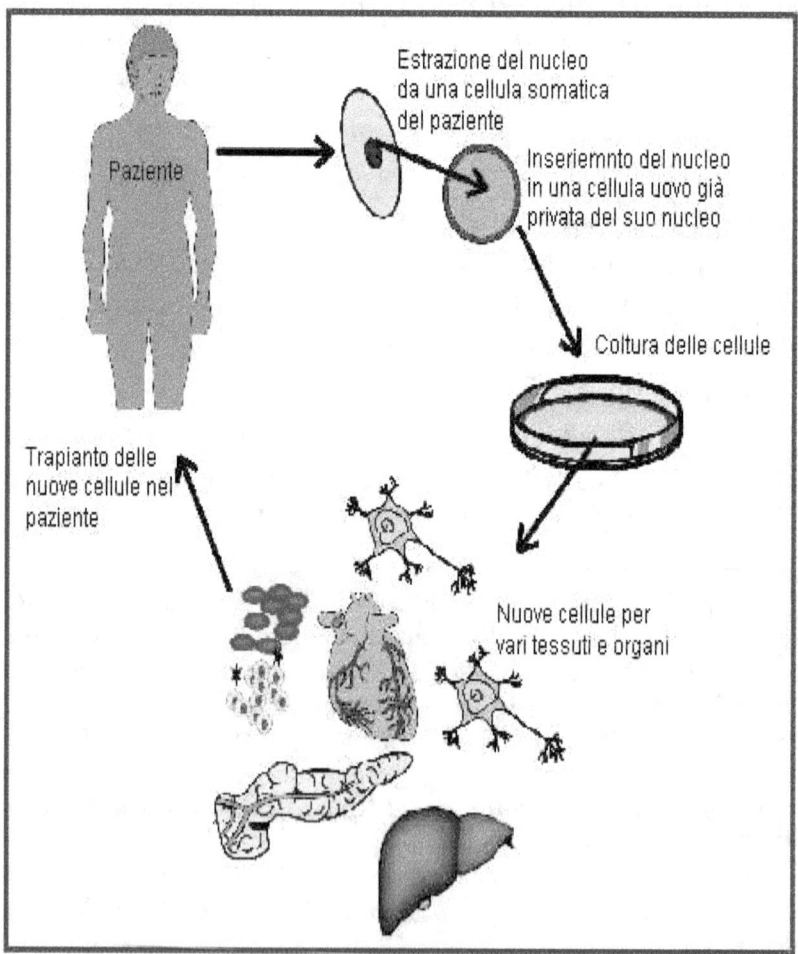

Vi sono cellule staminali fetali che sono estratte da tessuto in formazione in grado di attecchire in altro tessuto ma non di riprodursi.

Infine, nel sangue placentare vi sono numerose cellule staminali capaci di riprodurre le cellule del sangue[91].

Utilizzando le cellule staminali, in futuro oltre a perfezionare le tecniche gia esistenti, si potranno creare animali transgenici portatori d'organi compatibili con l'organismo umano da utilizzare per i trapianti. La facilità di manipolazione e di rapida riproduzione di queste cellule permetterà di far produrre a mucche, capre, pecore e maiali, proteine umane molto importanti e ormoni purissimi e a basso costo.

Le terapie di rimpiazzo cellulare sono le applicazioni che nel futuro saranno più usate come lo fa notare la seguente citazione.

"Le attuali conoscenze sulla biologia delle cellule staminali umane lasciano intravedere un loro possibile impiego nelle terapie di rimpiazzo tessutale, laddove insulti di diversa natura abbiamo compromesso le funzioni di organi vitali o insostituibili. Teoricamente è possibile ottenere cellule specializzate di diversi organi e sistemi da cellule staminali umane, ma le applicazioni concrete saranno ovviamente subordinate alla definizione di una nuova

---

[91] BJORNSON C. - RIETZE R. - REYNOLDS B. et al, *Turning brain into blood: a hematopoietic fate adopted by adult neural stem cells in vivo*, Science 1999, 283, pp. 534-536; PHILLIPS R. - ERNST R. - LEMISCHKA I. Et al., *The genetic program of hematopoietic stem cells*, Science 2000, 288, pp. 1635-1640; KAUFMAN D. – HANSON E. – LEWIS R., et al., *Hematopoietic colony-forming cells derived from human embryonic stem cells*, Proc Natl Acad Sci, USA 2001; 98, pp. 10716-10721.

pratica clinica, attraverso la quale i presupposti biologici si tradurranno in realtà terapeutiche"[92].

Questa possibilità lascia ben sperare anche per la cura del diabete, di malattie del sistema nervoso come il morbo di Alzheimer, di Parkinson e malattie di altri organi come il pancreas e il fegato[93].

Si potranno sostituire cellule oppure tessuti danneggiati o non funzionanti, per esempio nelle malformazioni congenite del cuore o dei polmoni,

---

[92] LEONE G. – MANCUSO S., *Le cellule staminali: stato delle conoscenze e applicazioni terapeutiche*, In: ZANINELLI S., (a cura di), *Scienza, tecnica e rispetto dell'uomo*, Vita e Pensiero, Milano 2001, p. 106.

[93] Il documento della commissione di Bioetica (National Bioethics Advisory Commission, 1999) si fa eco dell'ampio consenso tra gli scienziati sulla possibilità di usare queste cellule per produrre molte altre e per sino tessuti specializzati il che potrebbe consentire la terapia rigenerativa dei danni di eziologia traumatica o degenerativa come l'Alzheimer, il Parkinson, certe cardiopatie e malattie renali. Inoltre, i ricercatori -sempre secondo il documento del National Bioethics Advisory Commission- vedrebbero nelle cellule staminali un importante e forse definitivo strumento per svelare i misteri dello sviluppo embrionale, così come uno strumento importante per la messa a punto di farmaci e di tecniche di sostituzione cellulare. CARRASCO DE PAULA I., *Il dibattito sulla sperimentazione con cellule staminali*, In: ZANINELLI S., (a cura di), *Scienza, tecnica e rispetto dell'uomo*, Vita e Pensiero, Milano 2001, p. 116ss; ASSADY S. – MAOR G. – AMIT M., et altri, *Insulin production by human embryonic stem cells*, Diabetes 2001; 50, pp. 1691-1697.

nell'arteriosclerosi oppure nel midollo spinale danneggiato da traumi fisici[94].

Secondo il Rapporto Donaldson's[95], le cellule staminali possono essere utilizzate, in un ampio campo di terapie, per guarire malattie che potrebbero essere curate per mezzo della sostituzione di cellule danneggiate. Potrebbero essere rinnovate le cellule secretici dell'insulina, ripristinare il danno prodotto da un infarto cerebrale o per cause del morbo di parkinson e persino ricostruite i danni degenerativi del fegato.

Sul tema anche la Commissione Dulbecco[96], si pronuncia e lo fa in termini più ottimistici quando afferma che, la più importante applicazione delle cellule staminali sarebbe quella di sostituire tessuti danneggiati o non funzionanti, tecniche applicate logicamente in un contesto di terapia cellulare tessutale.

Un'altra importante applicazione di terapia cellulare, si darebbe nella ricostruzione del midollo spinale danneggiato da traumi fisici e lo stesso accadrebbe nella cura delle malattie degenerative del sistema nervoso, tali come: Alzheimer, morbo di Parkinson, malattia di Huntington, sclerosi laterale amiotrofica, malattie muscolo-

---

[94] OUREDNIK V. - OUREDNIK J. - PARK K. - SNYDER E., *Neural Stem cells - a versatile tool for cell replacement and gene therapy in the central nervous system*, Clinical Genetics 1999, 56, pp. 267-278.

[95] DEPARTAMENT OF HEALTH, CHIEF MEDICAL OFFICIER'S EXPERT GROUP, *Stem cell Research: Medical Progress with Responsibility*, London, June 2000 (http://www.doh.qov.uk./ceqc/ stemcellreport.htm).

[96] MINISTERO DELLA SANITÀ, *Relazione della Commissione di studio dell'utilizzazione di cellule staminali per finalità terapeutica*, 28 dicembre 2000 (http://www.sanita.interbusiness.it/sanita/bacheca/cellstami/).

scheletriche, displasia ossea, malattie progressive delle giunzioni ossee, osteogenesi imperfetta, miopatie primitive.

La terapia cellulare andrebbe anche a dare la soluzione alle malattie infiammatorie di natura sistemica (sindrome di Sjögren); alle malattie degenerative della retina, della cornea e dell'apparato uditivo, i cui tessuti fossero stati danneggiati per cause genetiche o traumatiche.

Infine, la terapia cellulare sarebbe usata nella ricostruzione del tessuto cardiaco dopo un infarto acuto di miocardio e di riparazione dei vasi sanguigni danneggiati da processi patologici progressivi come l'arteriosclerosi e l'ipertensione.

"It is difficult to estimate how many people might benefit the products of stem cell research should it be permitted and prove fruitful. Most sources agree that the most proximate use of human embryonic stem cell therapy would for Parkinson's disease, a common neurological disease that has a disastrous effect on the quality of life of those afflicted with it.... Untold human misery and suffering could be stemmed in Parkinson's disease became treatable. If treatments become available for congestive heart failure and diabetes, for example, and if, as many believe, tailor-made transplant organs will eventually be possible, then literally millions of people worldwide will be treated using stem cell therapy"[97].

---

[97] POST S. (edit by), ENCYCLOPEDIA OF BIOETHICS (3dr Edition) *Stem cell research and therapy*, New York 2004, pp. 722ss.

1.4. La clonazione umana

I gemelli monoovulari sono geneticamente identici, cioè hanno lo stesso DNA, essi derivano dall'unione di un unico uovo con un unico spermatozoo, i quali nelle successive divisioni formano due embrioni distinti invece di uno. Secondo questo, per cloni umani si può capire, come due individui identici.

Ma questo avviene in natura, un'altra cosa è parlare di cloni prodotti in vitro.

Dopo l'uso terapeutico di cellule staminali embrionali come stato studiato prima, il clonare in vitro diventò un traguardo importante nelle biotecnologie, sia nel campo animale che nel campo umano.

"Per quanto concerne la **clonazione d'animali,** *questa viene considerata utile per: a) avere un allevamento dei migliori animali esistenti in una sola generazione. b) preservare le specie animali in pericolo o in via d'estinzione. c) disporre di organismi geneticamente identici allo scopo di studiare. d) produrre cloni di animali «transgenici».*

Per quanto concerne la **clonazione di organismi umani interi,** *viene individuato come scopo: a) la «produzione» di embrioni non affetti da patologie di origine mitocondriale: a tal fine, si dovrebbe trasferire il nucleo di un embrione unicellulare in una cellula uovo denucleata e donata da una donna diversa dalla madre. b) la «produzione» di embrioni non affetti da patologie ereditarie, in presenza di genitori entrambi portatori dello stesso gene patogeno. c) la possibilità di riproduzione nei casi di totale azoospermia, per soddisfare il desiderio non solo di avere* *bambini ma anche che questi abbiano il patrimonio cromosomico di chi fa richiesta"*[98].

La clonazione ormai è diventata una realtà nel mondo della ricerca scientifica, dopo gli esperimenti che sono stati fatti in diverse parti del mondo, questa tecnica si è diffusa e perfezionata fino ad arrivare a occupare il centro della polemica soprattutto nei paesi più sviluppati[99].

La clonazione umana è condannata dai governi e dai parlamenti in tutto il mondo, è stata proibita da non pochi paesi sviluppati. Negli Stati Uniti è stata vietata da Bill Clinton e George Bush; viene anche condannata dai movimenti pro-life, dai movimenti religiosi e dagli studiosi di bioetica[100]. Sebbene ci sia questa condanna universale, si sa che la clonazione viene regolarmente praticata presso laboratori privati e clandestini; soprattutto nei paesi che ancora sono privi di alcuna regolamentazione da parte della legge in materia di ingegneria genetica e fecondazione artificiale.

---

[98] DI PIETRO M. L. – SGRECCIA E., *Procreazione assistita e fecondazione artificiale (tra scienza, bioetica e diritto)*, Editrice la Scuola, Brescia 1999, pp. 113-116.

[99] PARLAMENTO EUROPEO, *Risoluzione sulla clonazione* (documento B4-209/97) (21.3.1997), "Medicina e Morale, 1997, 2, pp. 325-327; COMITATO NAZIONALE PER LA BIOETICA, *La clonazione come problema bioetico* (21.3.1997), pubblicato su "Medicina e Morale", 1997, 2, pp. 360-362.

[100] DI PIETRO M.L., *Riflessione sulla clonazione*, Il documento della Pontificia Accademia per la Vita, Camillianum, 1997, 8 (16), pp. 195-202.

Tre sono le tecniche che rendono possibile la clonazione: trasferimento nucleare, divisione per partenogenesi e trasferimento ovoplasmatico[101].

> *Trasferimento nucleare:* con questa tecnica, comunemente chiamata "Human Terapeutic clonic" il nucleo di una cellula del paziente viene inserito in un ovulo non fecondato dal quale è stato rimosso il nucleo. In questo modo si genera un embrione con cellule staminali identiche (con lo stesso DNA) a quelle del paziente donatore.

> *Divisione per partenogenesi:* in questo caso un ovocita è attivato direttamente senza rimuovere il DNA (il nucleo). Si crea un embrione di "reimpianto" dal quale sono prelevate le cellule totipotenti.

> *Trasferimento ovoplasmatico:* questa tecnica consiste nella rimozione del citoplasma di un ovocita e nel successivo trasferimento in una cellula somatica del

---

[101] AA.VV., *Clonazione: problemi etici e prospettive scientifiche*, Milano: Le Scienze, 1997; KOLBERG R., *Human Embryo Cloning Reported*, Scienze 1993, 262, pp. 652-653; WINSTON R., *The promise of clonino for human medicine*, British Medical Journal 1997, 314, pp. 913-914; AMIT M. – SUSS-TOBY E. – MANOR D. – ITSKOVITZ-ELDOR J., *Human embryonic stem cells and embryo cloning*, In: AA.VV., *Biotechnology of Human Reproduction*, The Parthenon Publishing Group, New York 2003, pp. 439-452.

paziente che si trasforma in cellula staminale.

La clonazione terapeutica entrò in campo, nel momento in cui, si cercava di produrre cellule staminali embrionali umane pluripotenti, che possedessero la stessa informazione genetica del soggetto, il quale avrebbe dovuto usufruire dopo la loro differenziazione.

Il processo per arrivare alla clonazione terapeutica avrebbe richiesto di:

> ➢ Il trasferimento del nucleo di una cellula somatica di un determinato soggetto in un ovulo umano precedentemente tolto il nucleo, così se ottiene un embrione unicellulare o zigote.

> ➢ Sviluppo del nuovo embrione fino allo stadio di blastociste.

> ➢ Prelievo dall'embrione delle cellule della massa interna, processo che implica la distruzione dell'embrione.

> ➢ Dopo il prelievo, viene la preparazione delle cellule già differenziate per poi procedere alle diverse terapie.

Queste cellule, frutto della clonazione sono geneticamente identiche a quelle del soggetto donatore, eliminando così ogni possibilità di rigetto nell'eventuale innesto terapeutico.

L'embrione prodotto è un clone allo stato embrionale del soggetto che ha donato la cellula somatica di dove proviene il nucleo, creato a puro scopo terapeutico, da cui il termine «clonazione terapeutica» per fare la distinzione dalla clonazione riproduttiva, processo che necessariamente implicherebbe l'impianto in utero[102].

Le principali finalità terapeutiche della clonazione umana sono:

> ➤ Procreazione d'embrioni non affetti da patologie d'origine mitocondriale (i mitocondri vengono trasmessi solo dalla madre).

> ➤ Procreazione d'embrioni con genoma indenne da patologie ereditarie.

> ➤ Procreazione d'embrioni anche in casi di totale azoospermia (incapacità a produrre spermatozoi).

> ➤ Produzione d'embrioni geneticamente identici per la diagnosi pre-impiantatoria sull'embrione di prova.

---

[102] CIBELLI J. – KIESSLING A. – WEST M., *Somatic cell nuclear transfer in humans: pronuclear and early embryonic development*, The Journal of Regenerative Medicine 2001, 2, pp. 25-31.

2. EMBRIONI UMANI: ASPETTI GIURIDICI

Giorno dopo giorno, assistiamo a nuovi sviluppi di sperimetazione sulla vita nascente. Da non molto tempo fa, il famoso progetto genoma umano ha cambiato molto la maniera di vedere la realtà biologica dell'essere umano[103].
Gli aspetti di cui gli scienziati si sono interessati di più in questi ultimi anni sono soprattutto:

- Lo studio dei meccanismi di differenziazione e di morfogenesi dell'embrione umano;

---

[103] PONTIFICAL ACADEMY FOR LIFE, *Human genome, human person and the society of the future*, Libreria Editrice Vaticano 1995, pp. 59-61; WILKIE T., *La sfida della conoscenza. Il progetto genoma umano e le sue implicazioni*, Cortina, Milano 1995.

- Lo studio sulla possibilità pratica della diagnosi pre-impianto di malattie genetiche al fine di selezionare per il trasferimento in utero soltanto embrioni geneticamente sani;

- Lo studio dell'efficacia di nuove tecniche abortive;

- Lo studio delle proprietà delle cellule staminali embrionali e della possibilità di una manipolazione degli embrioni in vista dell'uso per trapianto;

- I tentativi di terapia genica embrionale per via sia somatica che germinale, attraverso l'inserimento nel genoma dell'embrione di un gene, che dovrebbe prevenire il manifestarsi di una condizione patologica.

Gli scienziati, aiutati da centri di ricerca privati e affaristi che hanno in mente di portare la procreazione della vita umana alla borsa di valori e quindi di cercare la "patentability" della stessa[104], si sono permessi di fare una divisione dentro lo sviluppo dell'essere umano ed è così che hanno proposto di stabilire un limite cronologico entro il

---

[104] POMPIDOU A., *Research on the human genome and patentability – The ethical consequences,* "J. Med. Ethics", 1995, 21, pp. 69-71; C.R.U.I., *Introduzione al Brevetto,* Farmindustria: La tutela nel settore Farmaceutico e Tecnologico, Think Tank, Copyright 2000.

quale sarebbe eticamente lecito sperimentare sull'embrione umano.

Questo limite sarebbero i primi 14 giorni di sviluppo. Per loro, fino a questa età, il nuovo essere umano si chiama "pre-embrione". Questa proposta è contenuta nel documento pubblicato in Gran Bretagna nel 1984 dal "Comitato Warnock"[105], ed è stata ripresa successivamente da altri organismi e gruppi di studiosi.

Secondo questo gruppo di scienziati, in questi 14 primi giorni, l'embrione non è essere umano, è soltanto un sacco di cellule che tranquillamente possono essere utilizzate nella sperimentazione o semplicemente possono essere eliminate. Ma è chiaro che questa loro affermazione ha un vero e proprio scopo ed è: consentire la sperimentazione sull'embrione umano superando un limite etico che per chiunque abbia onestà intellettuale è qualcosa d'inconcepibile; è semplicemente negare la natura dell'individuo umano che è irreperibile e che l'embrione possiede sin dal momento della sua formazione.

I dati che la biologia ci offre quando studiamo la genetica, mostrano e dimostrano che dal momento dell'unione dei due gameti è senza dubbio un nuovo organismo e che quel essere appartiene alla specie umana, dotato di un genoma differente da quello del padre e da quello della madre.

Gli scienziati fondano le loro riflessioni su argomenti incerti e arbitrari sul piano biologico e ancora di più inconsistenti sul piano filosofico, per questo non permettono di dare conclusioni di liceità etica della sperimentazione sull'embrione nei primi 14 giorni di vita.

---

[105] WARNOCK, 1984, cap. 11, pp. 58ss.

Questa argomentazione è stata sostenuta dalle seguenti motivazioni:

> Prima del quattordicesimo giorno non è ancora completo l'impianto in utero,

> Solo dopo il quattordicesimo giorno, Le cellule embrionali perdono la cosiddetta "totipotenzialità",

> Intorno al quattordicesimo giorno, si dà nel embrione la differenziazione della cosiddetta "stria primitiva",

> Dopo il 14° giorno, non c'è più la possibilità della formazione dei gemelli monozigotici.

Per rifiutare questi argomenti basta ricordarsi che, fino dal primo momento l'embrione ha un genoma che è unico e irripetibile nella sua globalità, il quale fa diverso un essere da qualsiasi altro essere esistito, esistente o che esisterà, persino in certe caratteristiche di quei gemelli monozigotici. Questo è il gran mistero della vita, tutti siamo diversi uno dell'altro, siamo come i fiochi di neve.

Da parte di alcuni ricercatori è stato richiesto di poter sperimentare, oltre che sugli embrioni congelati, anche su embrioni umani formati appositamente a scopo sperimentale. Questa richiesta viene motivata, dal fatto che vogliono avere a loro disposizione una maggiore quantità di materiale biologico fresco e non alterato dai processi di congelamento e di scongelamento.

Il dissenso è arrivato da alcuni organismi internazionali tolleranti e pro-life; ma questo ha portato a un'ulteriore proposta, e cioè di poter utilizzare a tali fini gli embrioni cosiddetti in stato di abbandono, obero, embrioni crioconservati che sono frutto della fecondazione in vitro i quali non sono destinati al trasferimento in utero, soprattutto perché i genitori non li desiderano più o si oppongono alla donazione; donazione sia per la sperimentazione o per il trasferimento in utero.

D'altra parte, si deve avere presente la distinzione che esiste fra sperimentazione terapeutica e non terapeutica:

> ➢ Sperimentazione terapeutica.- la finalità di questa è l'utilizzo di una nuova tecnica diagnostica o di una nuova terapia nella speranza di salvare una vita umana, ristabilendo la salute o alleviando la sofferenza di chi si sottopone alla sperimentazione.

> ➢ Sperimentazione non terapeutica.- ha come unico scopo quello di ampliare le conoscenze scientifiche ma non di giovare in alcun modo a chi viene sottoposto alla procedura sperimentale. È dunque illecita se questo si fa con vite umane. Dobbiamo avere presente che l'uomo è fine a sé stesso ma mai mezzo.

L'embrione umano è senza dubbio uno di noi, e per questo un "individuo" nel vero senso della parola, irrepetibile e mai un insieme di cellule sanguinanti, neppure un prodotto biologico il quale può essere manipolabile.

L'identità dell'embrione sussiste fin dalla fecondazione, fin dal primo incontro tra l'ovulo e lo spermatozoo, così si riconosce lo statuto dell'embrione umano come individuo. Per questa realtà è che si deve vietare e condannare la produzione d'embrioni umani a fini sperimentali, industriali e commerciali, questo porta anche a non accettare la generazione multipla d'embrioni.

Da non pochi viene vista immorale anche la diagnosi di pre-impianto finalizzata alla eliminazione dell'embrione nel caso in cui si prevedesse nel futuro feto una malformazione. È una diagnosi molto discutibile, perché mai si possono diagnosticare con certezza le malattie delle quali il bambino soffrirà perché queste vengono fuori durante lo sviluppo dell'embrione[106].

Molti invece, sono d'accordo con gli interventi terapeutici sperimentali finalizzati alla salvaguardia della vita, come anche sono d'accordo con la sperimentazione su embrioni morti che provengono degli aborti.

Alcuni ricercatori affermano che è lecito l'uso, per scopi sperimentali o terapeutici, degli embrioni crioconservati in stato di abbandono, purché il loro ulteriore sviluppo non passi i limiti in cui avrebbero potuto impiantarsi. Si deve considerare sempre che gli embrioni abbandonati devono essere custoditi fino alla morte biologica e che se invece l'embrione fosse impiantabile, ciò

---

106   SAVULESCU J. – DAHL E., *Sex selection and preimplantation diagnosis*, Human Reproduction, 2000; 15, pp. 1879-1880; FORD N., *The Prenatal Person* (Artificial Reproductive Technology and Ethics; *Prenatal Screening and Diagnosis*), Blackwell Publishing, Oxford 2002, pp. 121-130.

può avvenire a condizione che si trovi la coppia disposta ad accoglierlo e vi sia il consenso della coppia di provenienza dell'embrione.

A continuazione studieremo la legge italiana n. 40, sulla procreazione medicalmente assistita e le diverse applicazione sugli embrioni umani, approvate il 19 febbraio 2004[107].

2.1. La nuova legge italiana sulla fecondazione artificiale (Norme in materia di procreazione medicalmente assistita, L. n. 40 del 19 febbraio 2004)

La nuova legge sulla fecondazione artificiale ha dovuto percorrere un lungo iter per arrivare alla finale approvazione. Il progetto di legge è stato presentato alla Camera il 30 maggio 2001, l'11 giugno 2002 inizia il dibattito degli articoli, il 18 giugno 2002 la legge viene approvata dalla Camera, il 19 giugno la legge passa al Palazzo Madama. Dopo un anno in commissione il testo è in Aula il 24 settembre 2003. Il sì del Sanato arriva l'11 dicembre 2003, tornata in Aula alla Camera il 19 gennaio 2004, la legge è stato approvata in via definitiva martedì 10 febbraio 2004.

Questa nuova legge in quanto alla sperimentazione sugli embrioni (che è il tema che ci interessa) ha particolare significato l'articolo 13 e il 14.

---

[107] CASINI C., *La legge sulla fecondazione artificiale, (Ragione, Scienza ed Etica)*, Edizioni Cantagalli, Siena – Aprile 2004, pp. 15ss; PALAZZANI L., *La legge italiana sulla "procreazione medicalmente assistita": una rilettura biogiuridica*, In: «Medicina e Morale» 2004; 1, pp. 77-90.

Articolo 13. (Sperimentazione sugli embrioni umani)

«**1.** È vietata qualsiasi sperimentazione su ciascun embrione umano.

2. La ricerca clinica e sperimentale su ciascun embrione umano è consentita a condizione che si perseguano finalità esclusivamente terapeutiche e diagnostiche ad esse collegate volte alla tutela della salute e allo sviluppo dell'embrione stesso, e qualora non siano disponibili metodologie alternative.

3. Sono, in ogni modo, vietati:

> **a)** la produzione d'embrioni umani a fini di ricerca o di sperimentazione o comunque a fini diversi da quello previsto dalla presente legge;

> **b)** ogni forma di selezione a scopo eugenetico degli embrioni e dei gameti ovvero interventi che attraverso tecniche di selezione, di manipolazione o comunque tramite procedimenti artificiali, siano diretti ad alterare il patrimonio genetico dell'embrione o del gamete ovvero a predeterminarne caratteristiche genetiche, ad eccezione degli interventi aventi finalità diagnostiche e terapeutiche, di cui al comma 2 del presente articolo;

> **c)** interventi di clonazione mediante trasferimento di nucleo o di scissione precoce dell'embrione o di ectogenesi sia a fini procreativi sia di ricerca;

> **d)** la fecondazione di un gamete umano con un gamete di specie diversa e la produzione di ibridi o di chimere;

4. La violazione dei divieti di cui al comma 1 è punita con la reclusione da due a sei anni e con la multa da 50.000 a 150.000 euro. In caso di violazione di uno dei divieti di cui al comma 3 la pena è aumentata. Le circostanze attenuati concorrenti con le circostanze aggravanti previste al comma 3 non possono essere ritenute equivalenti o prevalenti rispetto a queste.

5. È disposta la sospensione da uno a tre anni, dall'esercizio professionale nei confronti dell'esercente di una professione sanitaria condannato per uno degli illeciti di cui al presente articolo».

Articolo 14. (Limiti all'applicazione delle tecniche sugli embrioni)
«**1.** È vietata la crioconservazione e la soppressione d'embrioni, fermo restando quanto previsto dalla legge 22 maggio 1978, n. 194.

2. Le tecniche di produzione degli embrioni, tenuto conto dell'evoluzione tecnico-scientifica e di quanto previsto dall'articolo 7, comma 3, non devono creare un numero d'embrioni superiore a quello strettamente necessario ad un unico e contemporaneo impianto, comunque non superiore a tre.

3. Qualora il trasferimento nell'utero degli embrioni non risulti possibile per grave e documentata causa di forza maggiore relativa allo stato di salute della donna non prevedibile al momento della fecondazione è consentita la crioconservazione degli embrioni stessi fino alla data del trasferimento, da realizzare non appena possibile.

4. Ai fini della presente legge sulla procreazione medicalmente assistita è vietata la riduzione embrionaria di gravidanze plurime, salvo nei casi previsti dalla legge 22 maggio 1978, n. 194.

5. I soggetti di cui all'articolo 5 sono informati sul numero e, su loro richiesta, sullo stato di salute degli embrioni prodotti e da trasferire nell'utero.

6. La violazione di uno dei divieti e degli obblighi di cui ai commi precedenti è punita con la reclusione fino a tre anni e con la multa da 50.000 a 150.000 euro.

7. È disposta la sospensione fino ad un anno dall'esercizio professionale nei confronti dell'esercente una professione sanitaria condannato per uno dei reati di cui al presente articolo.

8. È consentita la crioconservazione dei gameti maschile e femminile, previo consenso informato e scritto.

9. La violazione delle disposizioni di cui il comma 8 è punita con la sanzione amministrativa pecuniaria da 5.000 a 50.000 euro».

Questi due articoli sono in una stretta relazione con l'articolo 1, dove si parla della tutela dei diritti di tutti i soggetti di maniera speciale del neoconcepito e si richiama la massima attenzione alla sperimentazione e il congelamento degli embrioni.

Articolo 1. (Finalità)
«**1.** Al fine di favorire la soluzione dei problemi riproduttivi derivanti dalla sterilità o dall'infertilità umana è consentito il ricorso alla procreazione medicalmente assistita, alle condizioni e secondo le modalità previste dalla presente legge, che assicura i diritti di tutti i soggetti coinvolti, compresso il concepito.

2. Il ricorso alla procreazione medicalmente assistita, è consentito qualora non vi siano altri metodi terapeutici efficaci per rimuovere le cause di sterilità o infertilità».

Si analizzano anche alcune situazioni che sono estreme come:

➢ Divieto di scissione precoce dell'embrione;

➢ Clonazione umana;

➢ Produzione di ibridi e chimere.

Inoltre, si intravede la buona volontà di considerare il problema della fecondazione artificiale come l'origine di tante violazioni dei diritti dell'individuo nei suoi primissimi momenti di vita. Violazioni che iniziano con la manipolazione della donna e dell'uomo per ottenere ovuli e spermatozoi, passando poi per la manipolazione genetica, fecondazione e poi congelamento degli embrioni che non vengono trasferiti nell'utero. Gli embrioni chiamati sopranumerari hanno diverse sorti, alcuni vengono eliminati, altri utilizzati nella sperimentazione e altri semplicemente congelati per un incerto futuro.

I legislatori, puntando sui diritti del bambino concepito, hanno messo il dito sulla ferita, soprattutto nel divieto generale dell'articolo 13, che vieta qualsiasi sperimentazione sull'embrione umano, soltanto così si mettono dei limiti agli scienziati.

Inoltre, la premessa sui diritti del concepito è stata coerentemente portata a compimento con il divieto del congelamento e soppressione di embrione. Di questo parla l'articolo 14. Ma il vero problema al quale si riferisce questo articolo riguarda la consuetudine, da parte di medici inconsci di quello che producono, di usare embrioni in sopranumero e congelarli sotto azoto liquido per un tempo, il quale dipende della legislazione nei diversi paesi.

Per esempio, in alcuni paesi sviluppati, la legislazione dice che non possono rimanere nel congelatore più di cinque anni, una volta raggiunto questo limite gli embrioni congelati devono essere trasferiti in utero altrimenti distrutti o usati per la ricerca[108].

Senz'altro che la legge italiana n. 40, approvata nel 2004 ha i suoi meriti come lo afferma Carlo Casini:

"Il primo merito della legge è d'aver riconosciuto la qualità di essere umano al figlio dell'uomo e della donna fin dal momento della fecondazione e, conseguentemente, di aver applicato anche a lui il principio di eguaglianza (o di non discriminazione). Ciò risulta dall'art. 1, che comprende il "concepito" tra i "soggetti" di cui la legge intende "assicurare i diritti". Ciò equivale a dire: a) che l'embrione è un essere umano; b) che lo è al pari dei gia nati (esso, infatti è "compreso" tra i soggetti coinvolti madre, padre, medico); c) che egli è dotato di capacità giuridica (cioè è considerato dall'ordinamento come un "soggetto", come una "persona" e non come una "cosa"); d) che tale riconoscimento di soggettività umana e giuridica opera fin dal primo istante della fecondazione (infatti la legge usa il termini "concepimento", che richiama il concepimento ed ha lo scopo di regolare soprattutto la situazione dell'embrione in provetta, cioè dell'essere umano nelle primissime fasi successive alla fecondazione)"[109].

---

[108]   AVERY S. – BRINSDEN P., *Cryopreservation of gametes and embryos*, In: DE JORGE C. – BARRATT C., *Assisted Reproductive Technology*, Cambridge University Press, Cambridge 2002, pp. 409ss.
[109] CASINI C., *La legge sulla fecondazione artificiale, (Ragione, Scienza ed Etica)*, Edizioni Cantagalli, Siena – Aprile 2004, pp. 47.

È una legge positiva, dal momento nella quale afferma il diritto alla vita di ogni essere umano, indipendentemente quale sia il modo in cui è stato generato

Il Sì, alla vita viene dato nel momento in cui dice no:

> Alla sperimentazione embrionale (art. 13/1, 2 e 3 lettera a);

> Alla selezione degli embrioni da trasferire in utero (art. 13/3 lettera b);

> A qualsiasi forma di clonazione (art. 13/3 lettera c);

> al congelamento (art. 14/1); alla riduzione fetale (art. 14/4);

> Alla generazione di più di 3 embrioni provenienti da un unico prelievo di ovociti con il conseguente obbligo di trasferirli tutti in utero immediatamente senza passare attraverso un periodo di congelamento (art. 14/2 e 3).

2.2. La legge italiana sul congelamento, sperimentazione e soppressione d'embrioni umani

La prima motivazione, che porta al controllo per mezzo della legge le diverse procedure delle tecniche di procreazione artificiale, è la posta in gioco di vite umane. L'embrione può essere volutamente congelato, sottomesso alla sperimentazione e quindi distrutto senza nessuna speranza di sopravvivere.

L'embrione umano, dall'inizio, quando sta ancora in provetta, viene sottoposto a sperimentazione, una sperimentazione al cento per cento manipolatrice, non di semplice osservazione la quale non modifica la struttura embrionale. Gli embrioni scartati dopo la selezione prima del trasferimento in utero, sono utilizzati in qualsiasi sperimentazione o altrimenti congelati, azione che prima o poi implica la soppressione.

Il problema si aggrava ancora di più, con i cosiddetti embrioni soprannumerari diventati superflui, perché la donna sottomessa a una sessione di procreazione artificiale ha già un figlio o semplicemente non ne vuole sapere più niente.

Per queste e altre ragioni, è importante far sì che la coppia che decide accedere alle tecniche di procreazione medicalmente assistita, sia conscia di quello che fa. Sul consenso informato la legge predispone:

Articolo 6. (Consenso informato)
«**1.** Per le finalità indicate dal comma 3, prima del ricorso ed in ogni fase di applicazione delle tecniche di procreazione medicalmente assistita il medico informa in maniera dettagliata i soggetti di cui l'articolo 5 sui metodi, sui problemi bioetici e sui possibili effetti collaterali sanitari e psicologici conseguenti all'applicazione delle tecniche stesse, sulle probabilità di successo e sui rischi dalle stesse derivanti, nonché sulle relative conseguenze giuridiche per la donna, per l'uomo e per il nascituro. Alla coppia deve essere prospettata la possibilità di ricorrere a procedure d'adozione o d'affidamento ai sensi della legge 4 maggio 1983, n. 184, e successive modificazioni, come

alternativa alla procreazione medicalmente assistita. Le informazioni di cui al presente comma e quelle concernenti il grado di invasività delle tecniche nei confronti della donna e dell'uomo devono essere fornite per ciascuna delle tecniche applicate e in modo tale da garantire il formarsi di una volontà consapevole e consapevolmente espressa.

2. Alla coppia devono essere prospettati con chiarezza i costi economici dell'intera procedura qualora si tratti di strutture private autorizzate.

3. La volontà di entrambi i soggetti di accedere alle tecniche di procreazione medicalmente assistita è espressa per iscritto congiuntamente al medico responsabile della struttura, secondo modalità definite con decreto dei Ministri di grazia e giustizia e della sanità, adottato ai sensi dell'articolo 17, comma 3, della legge 23 agosto 1988, n. 400, entro tre mesi dalla data di entrata in vigore della presente legge. Tra la manifestazione della volontà e l'applicazione della tecnica deve intercorrere un termine non inferiore a sette giorni. La volontà può essere revocata da ciascuno dei soggetti indicati dal presente comma fino al momento della fecondazione dell'ovulo.

4. Fatti salvi i requisiti previsti della presente legge, il medico responsabile della struttura può decidere di non procedere alla fecondazione medicalmente assistita, esclusivamente per motivi di ordine medico-sanitario. In tale caso deve fornire alla coppia motivazione scritta di tale decisione.

5. Ai richiedenti, al momento di accedere alle tecniche di procreazione medicalmente assistita, devono essere esplicitate con chiarezza e mediante sottoscrizione le conseguenze giuridiche di cui all'articolo 8 e all'articolo 9 della presente legge».

a) La normativa sul congelamento degli embrioni soprannumerari

Non è possibile scindere il ricorso alle tecniche di fecondazione artificiale o medicalmente assistite extracorporee senza pensare ad un possibile congelamento o crioconservazione.

Come, per esempio, nel caso in cui si presenta un problema nel ciclo in cui è stato prelevato l'ovulo e per nessun motivo si può fare il trasferimento. Necessariamente si deve attendere il successivo ciclo per avere un endometrio adeguatamente sviluppato da consentire l'impianto degli embrioni.

L'articolo 14, comma 3 prevede che:
«Qualora il trasferimento nell'utero degli embrioni non risulti possibile per grave e documentata causa di forza maggiore relativa allo stato di salute della donna non prevedibile al momento della fecondazione è consentita la crioconservazione degli embrioni stessi fino alla data del trasferimento, da realizzare non appena possibile».

Questa decisione è stata presa soprattutto per evitare il pericolo di morte dell'embrione nel caso in cui l'utero della madre non sia pronto, però la decisione di congelare gli embrioni in questi casi è inevitabilmente legata alle tecniche di procreazione medicalmente assistita. Ma questo porta ad un altro problema e cioè la possibilità di andare a incrementare il deposito di materiale biologico al quale gli scienziati hanno libero accesso per sperimentare su questi embrioni, sebbene questa possibilità venga ampiamente esclusa dall'articolo 13.

Possiamo affermare che questa legge è una legge positiva, però non comprende tutta l'etica né soddisfa tutte le richieste di una visione etica fondata sui diritti del neoconcepito e sulla centralità della persona.

Per essere coerenti con la legge e anche per rendere operativa questa normativa, hanno messo un limite alla generazione di embrioni in modo tale che tutti gli embrioni prodotti vengano immediatamente trasferiti in utero:

Articolo 14, comma 2:
«Le tecniche di produzione degli embrioni, tenuto conto dell'evoluzione tecnico-scientifica e di quanto previsto dall'articolo 7, comma 3, non devono creare un numero di embrioni superiore a quello strettamente necessario ad un unico e contemporaneo impianto, comunque non superiore a tre».

Evitandone così la produzione in sopranumero e dunque evitando la crioconservazione.

Non c'è dubbio che la crioconservazione, cioè il congelamento, è una pratica non solo disumana, ma leda anche il diritto alla vita. In Olanda si cerca di legalizzare il fratellino di scorta, cioè in ogni sessione di fecondazione in vitro, sempre si congelerà un embrione con la finalità di usarlo nel momento in cui l'embrione impiantato in utero soffra qualsiasi infermità nel futuro, questo vuol dire che se nel futuro si ha bisogno di qualsiasi tessuto, organo o materiale genetico per guarire il fratellino che è nato si può scongelarlo e farlo sviluppare secondo il "bisogno del paziente".

Non dobbiamo dimenticare però, che nel processo di scongelamento muoiono tanti embrioni e altri soffrono danni che li può rendere inutili; certamente in questo campo ogni giorno la scienza avanza in una maniera incredibile perché dietro di tutto ciò, c'è un business, e dunque gli scienziati, le case farmaceutiche, i centri di fertilizzazione cercano di far si che nel momento dello scongelamento non muoia l'embrione, creando ogni giorno tecniche più sicure, soprattutto per lo scongelamento e cosi portare a fine una gravidanza con embrioni scongelati, l'esempio più recente di questa tecnica è la nascita delle due gemelle romane negli Stati Uniti.

b) La normativa sulla sperimentazione con embrioni soprannumerari

L'articolo 13 recita:

«(Sperimentazione sugli embrioni umani)

1. È vietata qualsiasi sperimentazione su ciascun embrione umano.

2. La ricerca clinica e sperimentale su ciascun embrione umano è consentita a condizione che si perseguano finalità esclusivamente terapeutiche e diagnostiche ad esse collegate volte alla tutela della salute e allo sviluppo dell'embrione stesso, e qualora non siano disponibili metodologie alternative.

3. Sono, comunque, vietati:

a) la produzione di embrioni umani a fini di ricerca o di sperimentazione o comunque a fini diversi da quello previsto dalla presente legge;

b) ogni forma di selezione a scopo eugenetico degli embrioni e dei gameti ovvero interventi che attraverso tecniche di selezione, di manipolazione o comunque tramite procedimenti artificiali siano diretti ad alterare il patrimonio genetico dell'embrione o del gamete ovvero a predeterminarne caratteristiche genetiche, ad eccezione degli interventi aventi finalità diagnostiche e terapeutiche, di cui al comma 2 del presente articolo;

c) interventi di clonazione mediante trasferimento di nucleo o di scissione precoce dell'embrione o di ectogenesi sia a fini procreativi sia di ricerca;

d) la fecondazione di un gamete umano con un gamete di specie diversa e la produzione di ibridi o di chimere».

Come in nessuno altro tempo, oggi più che mai, le procedure medico-biologiche in maniera particolare la procreazione artificiale umana, hanno generato una grande e interessante discussione in tutti i settori della società.

Certamente il problema della sterilità è un problema reale come reale e autentico è il desiderio di avere un figlio, ma posiamo domandarci, a che prezzo?

Consci di questo grave problema, i governanti dei paesi sviluppati sono stati costretti ad emanare leggi ed a creare regole per la tutela dei diritti e la salute delle coppie infertili.

Queste leggi normative o regole, non lasciano da parte gli aspetti etico-sociali e religioso di ogni singolo stato e soprattutto derivano de una riflessione scientifica.

Per difendere le coppie che hanno problemi di riproduzione e difendere il diritto alla vita di tutti gli esseri umani, anche di quelli che adesso vivono in azoto liquido sotto lo zero, è necessario creare leggi che regolino il numero di embrioni da produrre in vitro, vietare il congelamento degli embrioni in qualsiasi stadio di sviluppo, e anche vietare la fecondazione artificiale eterologa.

Con la nuova legge sulla fecondazione artificiale che vieta la produzione d'embrioni in sopranumero e con lo sviluppo di nuove tecniche di fecondazione in vitro, nella quale danno priorità alla qualità che alla quantità non producono tanti ovuli. Ma a non tanto tempo fa, la paziente che iniziava un ciclo di fecondazione medicalmente assistita, con la finalità di aumentare le possibilità di riuscire ad avere una fecondazione, sviluppo e bambino in braccio, di solito veniva sottoposta a trattamenti ormonali i quali portavano a una maturazione multipla di follicoli ovarici, con il conseguente recupero di un gran numero di ovuli, come abbiamo visto nel primo capitolo.

Cerano centri, nei quali i medici "obbligavano" la donna a produrre fino a dieci ovuli in ogni sessione. Siccome il numero d'ovuli era maggiore, così anche maggiore il numero di embrioni per poter scegliere i più adatti che garantiscono una reale possibilità di sviluppo. Ma di questo esagerato numero di embrioni ottenuti, quelli che venivano trapiantati nell'utero materno erano massimo tre e di questi se tutto fosse andato bene uno si sarebbe sviluppato fino alla nascita.

Secondo gli scienziati, con la finalità di ottenere terapie utili per guarire malattie gravi e diffuse come il diabete o il morbo di Parkinson è necessario avere a disposizione cellule staminali (come stato indicato prima).

Queste cellule ancora non sono differenziate e hanno il potere di moltiplicarsi in modo da ricostruire i tessuti di vari organi danneggiati sia per malattie o per malformazione[110].

---

[110] WATT D. – JONES G., *Skeletal muscle stem cells: function and potential role in therapy*, In: POTTEN C., *Stem Cells*, Academic Press, London 1997, pp. 474; REUBINOFF B. – ITSYKCON P. –

Le cellule staminali possono essere ottenute da diverse fonti, senza necessariamente utilizzare gli embrioni sopranumerari[111]:

> ➤ Possono essere ottenute da embrioni non sviluppati ottenuti per mezzo della fecondazione assistita e non più utilizzati o creati apposta per la sperimentazione;

> ➤ Un'altra fonte è quella di embrioni non sviluppati creati con l'inserzione del nucleo di una cellula adulta in un ovulo il cui nucleo è stato rimosso;

> ➤ Da cellule o da organi di un feto abortito;

> ➤ Da alcuni tessuti di adulti riprogrammati affinché si comportino come cellule staminali.

Possiamo, pertanto, affermare che le cellule staminali possono essere ottenute da differenti fonti, sta agli scienziati scegliere la maniera per ottenerle. Quindi, non è necessario creare un embrione apposta per la sperimentazione, o utilizzare gli embrioni congelati per prelevare da questi le cellule staminali.

TURETSKY T., *Neural Progenitors from human embryonic stem cell*, Nat Biotechnol 2001; 19, pp. 1134-1140.
[111] MARSHALL E., *A versatile cell line raises scientific hopes, legal questions*, Science 1998, 282, pp. 1014-1015; MARSHALL E., *Ethicists back stem cell research, White House treads cautiously*, Science 1999, 285, p. 502.

Purtroppo, la strada scelta dagli scienziati per avere le cellule staminali per usarli nella sperimentazione fondamentalmente sono due: la clonazione; oppure, gli embrioni sopranumerari freschi o congelati. Certamente dall'utilizzare embrioni congelati al produrre embrioni per mezzo della clonazione, specificamente per la sperimentazione, c'è molta differenza sia dal punto di vista scientifico come dal punto di vista morale.

Gli embrioni congelati esistono già, frutto della fecondazione assistita, ma scegliere la clonazione è senz'altro cercare il camino più difficile e immorale. Questo non vuole dire che la prima non sia immorale e non sia un attentato contro la vita di questi esseri umani che si trovano a -196°.

Per arrivare ad ottenere un embrione per mezzo della clonazione si deve prendere un ovocita matura, togliere il nucleo e sostituirlo con il nucleo prelevato della cellula del donatore o del paziente al quale si sta per applicargli la terapia, come si è detto precedentemente.

Lo sviluppo di questo nuovo essere sarà interrotto dagli scienziati allo stato di blastociste, questo essere certamente è dotato dallo stesso patrimonio genetico del donatore o paziente e che poi sarà capace di fornire le cellule staminali per la ricerca e la possibile cura del malato[112].

Il proteggere l'integrità dell'essere umano fin dal concepimento nega qualsiasi liceità sperimentale su qualsiasi embrione umano, ma questo non vuol dire che

---

[112] DAVOR D. – GEARHART J., *Putting stem cell to work*, Science 1999, 283, pp. 1468-1470; ZHANG S. – WERNIG M. – DUNCAN I., *In vitro differentiation of trasplantable neural precursors from human embryonic stem cell*, Nat Biotechnol 2001; 19, pp. 1129-1133.

viene negata la ricerca a condizione che si perseguano finalità esclusivamente terapeutiche, le quale hanno un solo fine, la tutela della salute dell'embrione.

L'articolo 13 citato prima, lascia chiaro che non è accettabile il sottoporre alla sperimentazione che porti alla distruzione di essere umani, con il solo scopo di rendere possibile nel futuro altre terapie per portare avanti lo sviluppo di altri essere umani.

No alla manipolazione dell'embrione è vietata qualsiasi sperimentazione; la ricerca clinica è finalizzata alla tutela del bambino e allo sviluppo dell'embrione.

c) La normativa sulla distruzione o soppressione degli embrioni congelati

Come abbiamo visto nell'articolo 13, ci sono importanti norme a tutela dell'embrione, le quali vietano qualsiasi sperimentazione.

Questo divieto è molto importante perché ogni sperimentazione implica perdita e distruzione di embrioni, quindi perdita e distruzione di vite umane. Tema del quale tratta più esplicitamente l'articolo 14, dove troviamo che nel numero 14/1 vieta la soppressione; nel 14/2 cerca di avere sottocontrollo la produzione, limitando a tre il numero di embrioni a produrre per ogni sessione di fecondazione artificiale; e nel 14/4 vieta la riduzione embrionale.

Articolo. 14:
«**1.** È vietata la crioconservazione e la soppressione di embrioni, fermo restando quanto previsto dalla legge 22 maggio 1978, n. 194.

2. Le tecniche di produzione degli embrioni, tenuto conto dell'evoluzione tecnico-scientifica e di quanto previsto dall'articolo 7, comma 3, non devono creare un numero di embrioni superiore a quello strettamente necessario ad un unico e contemporaneo impianto, comunque non superiore a tre.

4. Ai fini della presente legge sulla procreazione medicalmente assistita è vietata la riduzione embrionaria di gravidanze plurime, salvo nei casi previsti dalla legge 22 maggio 1978, n. 194».

Si condanna anche la possibilità di selezionare gli embrioni prima dell'impianto, dovuto al fatto che, in ogni selezione sta necessariamente l'esclusione e quindi l'eliminazione dei meno fortunati.

Articolo 13/3, b)
«Ogni forma di selezione a scopo eugenetico degli embrioni e dei gameti ovvero interventi che attraverso tecniche di selezione, di manipolazione o comunque tramite procedimenti artificiali siano diretti ad alterare il patrimonio genetico dell'embrione o del gamete ovvero a predeterminarne caratteristiche genetiche, ad eccezione degli interventi aventi finalità diagnostiche e terapeutiche, di cui al comma 2 del presente articolo».

Così, si mette il divieto agli interventi con fine selettivo, giacché questi, implicano una gravissima violazione del principio di non discriminazione. Nessuno può stabilire quale è l'embrione migliore o quello che merita vivere, affermarlo sarebbe uguale a dire senza dubbio che una vita umana vale di più e l'altra di meno.

139

Consci della violazione al diritto che tutti gli esseri hanno alla vita, questa legge si impegna a difendere la vita del neo concepito e cosi vieta la eliminazione o soppressione di embrioni e anche la crioconservazione degli stessi, salvo il caso che abbiamo studiato prima, e cioè: nel caso in cui il trasferimento nell'utero non risulti possibile per gravi e documentate cause di salute della madre, cause che non possono essere controllate nel momento in cui si vuole fare il trasferimento e che nel momento della fecondazione non sono state individuate.

L'articolo 12 è molto esplicito in materia di punizioni per quelli che si azzardino a violare le norme.

Le punizioni sono:

> ➤ Multe economiche e sospensione dalla professione fino a tre anni, non si parla di galera per i medici che praticano la fecondazione eterologa e non rispettano la legge;

> ➤ Inoltre, saranno puniti i medici che fuori della legge fanno terapie di fecondazione assistita su donne non sposate, donne in età avanzata e coppie di omosessuali;

> ➤ Multe in caso di violazione che vanno da 200 a 400 mila euro.

> ➤ Sono invece molto salate le multe per chi tenta la clonazione umana, in questo caso si parla di carcere, i medici che violeranno la legge saranno sanzionati con una reclusione dai dieci ai venti anni, e una

multa che va da 600.000 a 1 milione di euro e l'interdizione perpetua dall'esercizio della professione.

Ciò che più ci riguarda è, cosa succederà con gli embrioni congelati, la legge dice che, sarà il governo a stabilire modalità e termini di conservazione dei circa 30 mila embrioni che esistono finora conservati nelle diverse strutture e anche che sarà lo stesso governo a determinare una possibile adozione (tema che si studierà nel capito quinto).

I ricercatori stanano sperando con ansia, che il governo dia il via, alla sperimentazione sugli embrioni congelati. Così possono disporre di migliaia di embrioni per sviluppare nuove terapie e così anche il governo condannerà questi esseri umani alla loro distruzione.

L'affermare che dal concepimento, cioè dalla unione tra spermatozoo e ovulo è già essere umano, ci deve portare a difendere la loro integrità e ad affermare che è del tutto arbitraria e ingiustificata sotto il profilo biologico ogni ipotesi che fissi l'inizio dell'esistenza dell'individuo umano.

L'embrione umano come qualsiasi altro individuo appartenente al genere umano, ha fin dall'inizio della sua esistenza il diritto alla vita, quindi diritto all'integrità e alla possibilità di sviluppo. Ancor di più, in virtù della sua dignità di essere umano, non può essere utilizzato come materiale biologico per una semplice sperimentazione che non sia finalizzata al suo stesso bene.

Che un embrione non è adatto al trasferimento nell'apparato riproduttivo della donna, non implica di per sé che quell'essere sia un organismo morto e dunque materiale disponibile per la sperimentazione e con essa la distruzione.

Senza dubbio che è eticamente inaccettabile sia la creazione d'embrioni umani per utilizzarli nella sperimentazione sia ogni forma di sperimentazione su embrioni umani soprannumerari in stato di abbandono, o giudicati, per qualsiasi argomento, non adeguati a continuare il loro sviluppo e quindi non adeguati al trasferimento nell'apparato riproduttivo.

In fine, c'è nell'articolo 14 una disposizione riassuntiva che rivela la ragione comune delle norme studiate. È una norma di chiusura, quella che troviamo nel primo comma, quando vieta la soppressione di embrioni umani, una chiusura necessaria per impedire azioni distruttive diverse da quelle indicate.

Con queste normative e controllando la produzione esagerata d'embrioni, sarà possibile nel futuro, evitare fare quello che altri paesi hanno fato, come lo descrive la citazione seguente:

"Nell'estate del 1996 poco meno di 4000 embrioni umani conservati da cinque anni sotto azoto liquido a 196 gradi sotto zero furono distrutti in Gran Bretagna. Era la prima applicazione dell'art. 14 della legge sulla fecondazione umana e l'embriologia del 1990 (Humane Fertilization and Embriology Act 1990) secondo il quale "il periodo di conservazione stabilito per legge per quanto riguarda gli embrioni non deve superare i cinque anni"....

Fatti del genere si ripetono continuamente in tutto il mondo. La scadenza dei cinque anni prevista dalla legge inglese si rinnova continuamente: nel 1997 sono stati distrutti gli embrioni conservati dal 1992 e cosi via. Molte leggi che regolano la fecondazione artificiale umana hanno stabilito la stessa regola: così, ad esempio, in Spagna l'art. 11 della legge n. 35 del 1998 stabilisce che "i pre-emmbrioni in sovrappiù di una FIV, non trasferiti nell'utero si conservanno congelati nelle Banche autorizzate per un massimo di 5 anni". Analoga disposizione si trova nella legge francese n. 684 del 1994 (artt. 8 e 9)"[113].

---

[113] CASINI C. *Abbandono di embrioni umani e adozione*, In: supplemento Si alla Vita, Mensile del Movimento per la vita Italiano, n. 4, aprile 1999, p. 2.

CAPITOLO TERZO

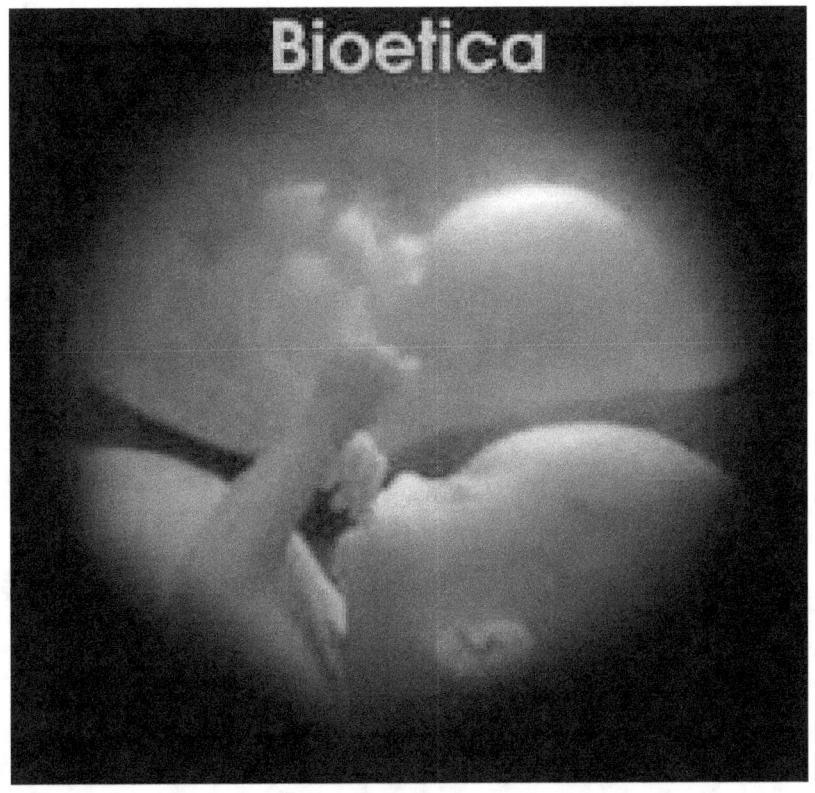

IDENTITA' E STATUTO DELL'EMBRIONE UMANO

La possibilità di creare in laboratorio embrioni umani, a fini procreativi o per la sperimentazione, costituisce uno dei temi che più discussione provoca all'interno del mondo della Biomedicina e della scienza che sta per arbitrare lo sviluppo della tecnologia e i diritti della vita, cioè la Bioetica[114].

Per difendere la vita umana, dal suo sorgere al suo tramonto, si deve necessariamente ritornare all'inizio, cioè, riflettere sullo statuto dell'embrione umano[115]. Soltanto così, si riesce ad avere un'idea più chiara dell'embrione come un essere umano e non come un prodotto, il cui valore dipende in gran parte dalla sua "buona qualità", sottoposta a severi controlli. La drammatica conseguenza è l'eliminazione sistematica di quegli embrioni umani che

---

[114] FLAMIGNI C., *La Procreazione assistita*, In: DI PILLA FRANCESCO, *Scienza, etica e legislazione della procreazione assistita*, Edizioni Scientifiche Italiane, Città di Castello 2003, pp. 52ss.
[115] CENTRO DI BIOETICA – UNIVERSITÀ CATTOLICA DEL S. CUORE, ROMA., Identità *e statuto dell'embrione umano*, «Medicina e Morale», Supplemento al n. 6 del 1996, pp. 5-16.

risultano mancanti della qualità ritenuta sufficiente, per di più secondo parametri e criteri inevitabilmente opinabili.

Lo statuto dell'embrione umano si deve rivedere ogni volta che si desidera creare, sperimentare, crioconservare ed eliminare embrioni umani[116].

Nel dibattito sullo statuto dell'embrione umano, le argomentazioni filosofiche e scientifiche, sono spesso così interconnesse che tante volte, diventa difficile riconoscere quale debba essere il vero contributo delle scienze biologiche. Dall'altra parte quando la filosofia si pronuncia su questo argomento lo fa di una maniera formale e logico; e senz'altro fa riferimento del problema con parole proprie della specializzazione, come per esempio, il ricercatore biomedico, mentre raccoglie e interpreta le osservazioni e i risultati degli esperimenti, non può prescindere di concetti fondamentali dell'inizio della vita tali come:

> Concetto d'unità;

> Concetto d'individualità;

> Concetto di continuità;

> Concetto di forma, causalità, divenire ecc.

---

[116] Non mancano purtroppo, iniziative scientifiche e legislative miranti alla produzione, mediante le ART, di embrioni umani da "utilizzare" esclusivamente a fini di ricerca -il che coincide con la loro distruzione-, trasformandoli così in oggetti di laboratorio, vittime sacrificali predestinate ad essere immolate sull'altare di un progresso scientifico da perseguire "a tutti i costi"., PONTIFICIA ACCADEMIA PER LA VITA, *Comunicato finale della X Assembra Generale*, L'osservatore Romano, Mercoledì 17 Marzo 2004.

Concetti essenziali della riflessione razionale, che non possono essere completamente ridotti al frutto di un processo induttivo delle scienze sperimentali.

Facendo serie riflessioni sullo statuto dell'embrione umano, è come si arriva a riconoscere il dovere morale, di trattare questo nuovo essere, sin dalla fecondazione, secondo i criteri di rispetto e tutela che si devono adottare nei confronti degli individui umani.

Per affrontare i gravi problemi sociali, etici e giuridici posti e sollevati dagli interventi della scienza sull'uomo, in tantissimi aspetti e fasi della vita; nei nostri giorni è diventata una vera necessità, fare una sintesi tra dati e ipotesi scientifiche, tra pensiero filosofico e istanze delle scienze umane.

Questa sintesi, così complicata ma che diventa necessaria, può essere elaborata nel momento in cui sono rispettati due principi: in primo luogo,

> ➢ È necessario una conoscenza ben chiara dei dati biologici da parte dei filosofi e ricercatori;

> ➢ È necessario che i biologi e medici, oltre a usare la logica scientifica siano disponibili a seguire il processo di analisi filosofica, per arrivare così a riconoscere il valore delle conclusioni, siano queste di ordine teorico o pratico.

Il frutto dell'unione fra i due gameti, cioè, il frutto del concepimento nelle primissimi tape del loro sviluppo dal biologo viene chiamato: zigote, morula, blastociste, ecc., con questo, la prima cosa che il biologo costata è che nella formazione di questo novissimo essere umano non ce nessun salto di qualità[117].

Dall'altra parte, cioè dal punto di vista antropologico ci possiamo rendere conto che giustamente in questo momento inizia la corporeità dell'essere umano, comincia ad esistere nel tempo e ad occupare uno spazio su questo pianeta. In questo cumulo di cellule che il biologo ci presenta come un nuovo essere umano, comincia la storia dell'uomo, da inizio alla propria esistenza, inizia un ciclo vitale, è quindi l'inizio di un nuovo e unico corpo umano[118].

Davanti a questa realtà, la questione fondamentale non è, che cosa la scienza ci dice sull'embrione umano, ma, che cosa ci dici di maniera legittima sullo statuto dell'embrione umano. Certamente, la scienza biologica non ci può dire nulla sullo statuto della persona dell'embrione umano. Ma, per noi che conosciamo principi filosofici, teologici e morali è di grande aiuto, perché da questa realtà biologica, materia al cento per cento, partiamo per arrivare alla realtà spirituale, cioè trascendentale dell'essere umano.

Per Aristotele, l'embrione umano possiede, sin dal primo momento, un'anima che non può essere altra che l'anima propria della specie umana, cioè l'anima intellettiva, la quale esiste in atto, ma come atto primo, cioè come capacità[119]; è questo che ha reso possibile affermare l'anima come atto primo di un corpo che ha tuta la vita in potenza; quindi, ha tutte le capacità di arrivare a essere,

---

[117] SERRA A., *L'uomo – embrione*, Edizioni Cantagalli, Siena – Marzo 2003, pp. 29-52; SCOTT G., *Developmental Biology*, Sinauer Associates, 6th Edition, Sunderland 2000.

[118] SERRA A., *Lo stato biologico dell'embrione umano. Quando inizia l'essere umano?* In: LUCAS LUCAS R., *Commento interdisciplinare alla "Evangelium Vitae"*, Libreria Editrice Vaticana 1997, p. 575.

[119] Cfr. ARISTOTELE, *De Anima*, II, 1, 412ª, pp. 27-28.

cioè a essere un uomo perfetto con tutti i diritti e i doveri di qualsiasi cittadino al mondo.

"L'affermazione del rispetto e della tutela dei diritti dell'embrione umano, primo fra i quali quello alla vita, all'integrità fisica e allo sviluppo –se non intende essere solo l'espressione formalizzata di un pur nobile sentire dell'animo (ancor oggi comune a molti cittadini) o di un codice di comportamento che nasce da una cultura della vita alla quale si è disposti a concedere qualche spazio nell'areopago culturale della nostra società, chiedendole però di rinunciare ad essere accessibile per via di ragione a tutti e, come tale, destituendola di ogni pretesa di universalità- deve trovare la sua radice in un'attenta osservazione della realtà della vita umana, evidente a ognuno attraverso l'esperienza diretta o mediata, e in una argomentazione rigorosa e non ideologicamente pregiudicata"[120].

---

[120] COLOMBO R. – NERI G. *La questione dell'embrione umano: aspetti biologici e antropologici*, In: ZANINELLI S., *Scienza, tecnica e rispetto dell'uomo*, Vita e Pensiero, Milano 2001, p. 39.

1. LA REALTÀ BIOLOGIA DELL'EMBRIONE UMANO COME INDIVIDUO DELLA SPECIE UMANA

Senza dubbio, la scienza è quella che ci deve dire quando ci troviamo davanti a una nuova vita, davanti a un nuovo individuo umano.

Ed è così che il sapere della biologia sull'embrione umano si limita all'affermazione che quest'entità vivente è un organismo della specie umana e quindi è un *homo sapiens* nel suo inizio del ciclo vitale, cioè nella fase precoce dello sviluppo prenatale

Perciò se si riconosce che l'embrione è un organismo, se ne deve ammettere l'individualità biologica. L'appartenenza dell'individuo embrionale alla specie umana conduce necessariamente a riconoscere biologicamente in esso un individuo umano con tutti i suoi attributi[121].

Attualmente grazie a studi istologici si è in grado di poter stabilire, le fasi precise dello sviluppo dal punto di vista morfologico.

La massa cellulare interna ed il citotrofoblasto possono essere distinti l'una dall'altro per prima volta della fase tardiva di morula al 4° giorno dopo la unione fra l'ovulo e lo spermatozoo. La formazione della blastocisti avviene allo stadio di 64 cellule, più o meno dopo 5 giorni dal concepimento.

La massa cellulare interna è rappresentata da circa 16 cellule che andranno a formare sia l'embrione che le diverse strutture extra-embrionarie come il sacco vitellino, l'amnios, il corion e l'asse mesodermico dei villi coriali. Alcune di queste cellule contribuiranno alla formazione dell'embrione e altre a formar parte delle diverse strutture per il nutrimento dell'embrione e sostentamento di tutto il sistema riproduttivo.

Dal 7° giorno del concepimento il disco embrionario è apprezzabile ed è composto di due strati di cellule: l'epiblasto e l'ipoblasto.

> L'ipoblasto si estende oltre i margini del disco embrionario a formare l'endoderma extraembrionario, da cui prenderà origine il sacco vitellino.

---

[121] COLOMBO R. – NERI G. *La questione dell'embrione umano: aspetti biologici e antropologici*, In: ZANINELLI S., *Scienza, tecnica e rispetto dell'uomo*, Vita e Pensiero, Milano 2001, p. 51 ss.

> ➢ L'epiblasto contribuisce alla formazione di tre strutture:

- L'embrione;

- L'amnios;

- E il mesoderma extraembrionale.

Questo ultimo si differenzia dal margine caudale del disco embrionario durante la terza settimana dopo il concepimento e contribuisce alla formazione del corion e dell'asse mesodermico dei villi corali.

Il prodotto de concepimento è quindi titolare di diverse linee potenziali di sviluppo e solo una piccola parte del patrimonio cellulare della morula è destinato a dare origine all'embrione come stato detto precedentemente.

Durante la normale embriogenesi la maggioranza delle cellule formeranno il trofoblasto, la comparsa di una linnea primitiva intorno al 15° giorno dalla fecondazione viene considerata come il primo stadio nel quale sono presenti, nel sacco embrionario umano, elementi cellulare precursori specifici del feto.

In fine la linea primitiva è il centro dell'organizzazione fetale ed è contemporaneamente lo stadio nel quale si fissa definitivamente l'embrione per il successivo sviluppo[122].

---

[122] FLAMIGNI C., *Nuove acquisizioni in embriologia: lo sviluppo della struttura embrionale*, In: Politeia *Quale statuto per l'embrione umano (problemi e prospettive)*, Convegno internazionale (a cura di MORI M.), Bibliotecchne, Milano gennaio 1992.

Ma, dal mondo scientifico in questa ultima decade abbiamo assistito ad una continua argomentazione a fine di negare l'identità e statuto dell'embrione umano.

Anzitutto, c'è una concezione ideologica, la quale porta a negare che l'embrione è un individuo della specie umana. Questa è appunto la posizione dell'evoluzionismo di Haeckel dove le tappe dello sviluppo dell'embrione chiamate ontogenesi racchiudono la storia evolutiva dell'embrione chiamata filogenesi.

Questa obiezione si basa nella denominata legge fondamentale biologica, secondo la quale in ogni processo individuale dello sviluppo si racchiude lo sviluppo di tutta la specie. Secondo questa teoria l'embrione percorre lungo il suo sviluppo le diverse tappe delle forme animali inferiori prima di arrivare all'apparenza umana.

Questa teoria sta in stretta relazione con quella della animazione in ritardo di Lain il quale pare aderire alla tesi haeckeliana. Dall'altra parte Rager dice che da un vegetale non sale ontologicamente un essere umano. Il genoma di un vegetale è costitutivo di un vegetale e così il genoma di un essere umano è costitutivo di un essere umano.

Ambigua risulta, anche la posizione definita da Aristotele dove dice:

"prima sta lo vivo dopo lo animale e alla fine l'uomo"[123].

Ma, questo principio non si può applicare all'evoluzione all'embriogenesi. Per questo San Tommaso D'Aquino afferma che:

---

[123] ARISTOTELE *"Della generazione degli animali"* libro 2, cap. 3.

"l'anima per animare il corpo ha bisogno di una certa quantità di materia sempre in proporzione della grandezza del corpo"[124].

A questo proposito già Gregorio di Nissa e Agostino affermarono che l'anima appare nel momento della concezione cioè dal momento in cui i due gameti ovulo e spermatozoo si uniscono.

Questa tesi viene oggi confermata dalla stesa teoria della evoluzione, all'affermare che non c'è cambio di specie lungo l'embriogenesi e quindi di un genoma vegetale sorge un vegetale e niente altro e anche così per il genoma di un essere umano viene fuori un essere umano.

Questo si può costatare degli studi dello zigote, durante la sua formazione e posteriore sviluppo. Da questi datti appunto, risulta che, durante il processo di fertilizzazione, cioè dalla unione fra l'ovulo e lo spermatozoo, due sistemi cellulari differentemente e teleologicamente programmati, immediatamente prende inizio un nuovo sistema, che ha due caratteristiche fondamentali.

> ➢ Il nuovo sistema non è una semplice somma dei due sottosistemi, ma un sistema combinato, il quale, a seguito della perdita da parte dei due sottosistemi della propria individuazione e autonomia, incomincia ad operare come una "nuova vita", intrinsecamente determinata, poste

---

[124] D'AQUINO S. TOMMASO, *La Somma Teologica VI*, Prima Pars, Questione 90-91, E. Studio Dominicano, Bologna 1996, pp. 816-829.

tutte le condizioni necessarie, a raggiungere la sua specifica forma terminale.

> Il centro biologico o struttura coordinante di questa nuova unità è il "nuovo genoma" di cui l'embrione unicellulare è dotato; ossia quei complessi molecolari visibilmente riconoscibili a livello citogenetica nei cromosomi che contengono e conservano come in memoria un disegno-progetto ben definito, con la "informazione" essenziale e permanente per la graduale e autonoma realizzazione di tale progetto.

Questo nuovo genoma è quello che identifica l'embrione unicellulare come biologicamente "umano" e ne specifica l'individualità. È questo "genoma" che conferisce all'embrione enormi potenzialità morfogenetiche, che l'embrione stesso attuerà gradualmente durante tutto lo sviluppo attraverso una continua interazione con il suo ambiente sia cellulare che extracellulare.

Un altro gruppo di dati deriva dall'esame dello sviluppo dell'embrione unicellulare. Da quanto oggi è noto emergere già chiaramente che dall'embrione unicellulare, attraverso passi sequenziali che portano alla determinazione di linee cellulari e alla differenziazione di tessuti, accompagnati e/o seguiti da attività morfogenetiche si arriva alla formazione dell'organismo completo.

Le caratteristiche più importanti in questo sviluppo, le quali diventano le proprietà biologiche che caratterizzano questo processo di sviluppo sono:

➤ Coordinazione.- In tutto il processo dal formarsi dello zigote in poi, c'è un susseguirsi d'attività molecolari e cellulari sotto la guida dell'informazione contenuta nel genero e sotto il controllo di segnali originati da interazioni che si moltiplicano incessantemente ad ogni libello, entro l'embrione stesso e fra questo e il suo ambiente. Precisamente da questa guida e da questo controllo deriva l'espressione rigorosamente coordinata di migliaia di geni strutturali che implica e conferisce una stretta unità all'organismo che si sviluppa nello spazio e nel tempo.

➤ Continuità.- Il "nuovo ciclo vitale" che inizia con la fertilizzazione procede se le condizioni richieste sono soddisfatte senza interruzione. I singoli eventi, per esempio: la replicazione cellulare, la determinazione cellulare, la differenziazione dei tessuti e la formazione degli organi, appaiono ovviamente successivi. Ma, il processo in sé stesso della formazione dell'organismo è continuo. È sempre lo stesso individuo che va acquisendo la sua forma definitiva. Se questo processo s'interrompesse, in qualsiasi momento, si avrebbe la "morte" dell'individuo.

> Gradualità.- È legge intrinseca al processo di formazione di un organismo pluricellulare che questo acquisisca la sua forma finale attraverso il passaggio da forme più semplici a forme sempre più complesse. Questa legge della gradualità dell'acquisizione della forma terminale implica che l'embrione, dallo stato di una cellula in poi, mantenga permanentemente la sua propria identità e individualità attraverso tutto il processo.

Secondo questi dati, scientificamente esaminati, conducono ad un'unica conclusione, e cioè, che alla fusione dei gameti una "nuova cellula umana" dotata di una nuova struttura informazionale, incomincia a operare come una unità individuale tendente alla completa espressione della sua dotazione genetica, che si manifesta in una totalità, fino alla formazione di un organismo umano completo.

Questa nuova cellula umana è quindi un nuovo individuo umano che inizia la loro esistenza e date tutte le condizioni interne ed esterne sufficienti e necessarie, gradualmente si sviluppa attuando le sue immense potenzialità secondo una legge ontogenetica e un piano unificatore intrinseci.[125].

Per tutto questo che abbiamo visto, non significa che l'essere umano si riduca semplicemente a genoma, ciò che distruggerebbe l'individualità dei gemelli. Questi si

---

[125] CENTRO DI BIOETICA – UNIVERSITÀ CATTOLICA DEL S. CUORE, ROMA., *Identità e statuto dell'embrione umano*, Medicina e Morale, Supplemento al n. 6 del 1996, pp. 7ss.

differenziano perché implicano due concepimenti distinti da un'unica fecondazione dell'ovulo da un unico spermatozoo.

Ognuno ha il suo fenotipo, dal momento della divisione ognuno entra in contatto con il suo medium, il quale lo condiziona e gli da caratteristiche proprie. Infatti, l'embriologia, la genetica e la stessa tecnica di fecondazione in vitro risaltano ogni volta di più che l'embrione umano è dall'inizio del suo sviluppo un individuo della specie umana, è un'unità biologica autonoma e differente dall'insieme di cellule e tessuti della madre.

L'embrione umano è un'unità somatica umana, è un corpo umano dalle prime fasi del suo sviluppo, dall'inizio sta scritto che quel essere così microscopico appartiene alla specie umana[126].

Un altro problema che i movimenti *pro-life* devono affrontare è la negazione del carattere individuale dell'embrione. Norman Ford dell'Università di Melbourne fu il primo a negare il carattere individuale dell'embrione nel suo saggio intitolato *When did I begin?*[127].

---

[126] VESCOVI A. – SPINARDI L., *La natura biologica dell'embrione*, In: Centro di Bioetica della Facoltà di Medicina e Chirurgia della Università Cattolica "Sacro Cuore" di Roma, Medicina e Morale 2004;1, pp. 53-63.

[127] Sebbene lo zigote, cioè la prima cellula possegga una individualità o identità genetica, fino alla comparsa della stria primitiva, a circa 14 giorni dalla fertilizzazione, le sue cellule identiche che da esso derivano possono diventare naturalmente un adulto umano o due gemelli geneticamente identici. Questo fenomeno fa dubitare che lo zigote sia già un individuo umano. Sembra che lo zigote no sia un individuo umano distinto, se può ancora diventare due individui umani.

In questo lavoro Ford si domanda per il problema della gemellazione come difficoltà fondamentale a fin che possa esistere un essere umano individuale, giacché la potenzialità della divisione gemellare monozigotica è in contrasto con lo status personale.

Ford, sostiene che un individuo umano non può cominciare se non soltanto dopo che i blastocisti perdano la loro pluritotipontenzialità, partendo delle cellule epiblastiche di un individuo umano chiamato uni-totipotente, nello stadio della stria primitiva. Fino questo

---

In teoria, e astraendo dalla realtà biologica concreta, è possibile sostenere la tesi della fertilizzazione, osservando che lo zigote o embrione iniziale mantiene la sua entità ontologica anche quando si divide per dar origine ad un secondo identico individuo umano.... A sostegno della tesi della fertilizzazione si è anche affermato che il fenomeno dei gemelli monozigoti è determinato geneticamente alla fertilizzazione così che un individuo umano non genera sessualmente un altro, poiché i gemelli possono cominciare nel medesimo tempo. Più importante ancora, si è osservato che soltanto gli zigoti con il gene specifico per il gemellaggio, e non tutti quanti, possono dare origine a gemelli identici....

Nessuna delle spiegazioni esaminate riesce a rendere conto del problema dei gemelli. Poiché una teoria che non spiega adeguatamente i casi normali e straordinari non è soddisfacente, si può ancora sostenere che un individuo umano non può essere presente prima che si sia in effetti formato. La visione tradizionale sostenuta attraverso o secoli rimane ancora valida: un individuo umano potenziale non può essere un individuo umano attuale. Non può esservi persona prima della formazione di un distinto individuo umano permanente. FORD N., *Quando ho cominciato ad esistere*, In: MORI M., *Quale statuto per l'embrione umano (problemi e prospettive)*, Convegno internazionale, Politeia, Milano gennaio 1991.

momento lo dobbiamo chiamare d'accordo con la terminologia di McLaren cioè pre-embrione o proembrione.

L'elemento determinante è la formazione della massa cellulare interna, la quale viene formata partendo dei blastociste nel suo passaggio alla seguente divisione che viene chiamata gastrula.

Luis Pastor considera che il momento per la formazione dei gemelli è nel momento della formazione della massa cellulare interna, però tale gemellazione che ha un carattere assolutamente eccezionale per niente impedisce il carattere individuale dell'embrione giacche l'individualità non è incompatibile con la divisibilità. La gemellazione si produrrebbe secondo Pastor per la divisione della massa cellulare interna, nel momento in cui si rompe la zona pellucida, nella fase della compattazione[128].

Dello stesso parere è Rager, per lui l'essenziale nello zigote è che si tratta di un essere che mantiene invariabile la sua unicità dinamica, il suo sistema organico, mentre il problema della divisione è secondario[129].

Ciò che costituisce in biologia un individuo non è la impossibilità di divisione, ma la organizzazione della sua struttura. La gemellazione non è un argomento contro l'individualità dell'embrione, giacché dal primo momento tutti i due si differenziano per la loro relazione con l'ambiente, cominciando dalle tube e poi nell'utero e via dicendo.

---

[128] PASTOR L., *Bioética de la manipulación embrionaria humana*, Cuadernos de Bioética, 1997, pp. 1074ss.
[129] RAGER, Gunther, *Embrión, hombre, persona, Acerca del comienzo de la vida personal*. Cuadernos de Bioética, 1997, p. 1048ss.

Inoltre, non possiamo negare a priori che la gemellazione non s'incontri predeterminata dal momento stesso della fecondazione, più precisamente dal momento in cui lo spermatozoo penetra le pareti dell'ovulo, perché da quel momento posiamo dire che quello spermatozoo e soltanto quello ha avuto tutte le capacita per fecondare quel ovulo, perciò dobbiamo affermare che dal momento in cui lo spermatozoo entra o passa le pareti dell'ovulo, in quel momento già si è avverato il mistero di un nuova vita perché quel spermatozoo, l'unico in migliaia è stato capace di compiere tutti i requisiti per fecondarlo.

La gemellazione come obiezione alla persona implica la confusione tra unità numerica e unità metafisica; per avere il diritto di parlare d'individualità non è necessario che l'organismo non possa manifestarsi nei suoi frammenti viabili. È sufficiente che quell'organismo, presenti certa sistemazione delle sue parti, prima della frammentazione e che la stessa sistematizzazione tende a riprodursi nei suoi frammenti una volta isolati.

Senz'altro che in questo complesso sistema, ciò che c'è, è unità metafisica ma non unità numerica, perché l'unità numerica è immanente invece l'unità metafisica è trascendente, con tutti i suoi attributi che di questo concetto posiamo predicare.

Si deve difendere il carattere individuale presente nell'embrione, partendo dalla fertilizzazione.

"The embryo is usually defined as coming into existence at fertilization and becoming a fetus when organogenesis is completed (eight weeks after fertilization). These borders are not sharply defined. The definition of an embryo thus cannot avoid being operational and context-dependent. The term concepts is useful to denote any entity

resulting from fertilization, when no reference to a more specific stage is intended. An additional complication results from the significant overlap between the final stages of female gametogenesis, fertilization, and initial cleavage"[130].

Ogni blastomero ha l'informazione extrazigotica, giacché ognuno si divide della stessa maniera e ognuno potrebbe formare un blastociste. Ma in un certo momento si perde questa informazione per produrre più blastociste, a questo punto la divisione si ferma di pari passo al periodo della differenziazione, che necessariamente ha bisogno dell'informazione che viene dall'utero della madre.

Lo zigote ha bisogno del genoma dell'ovulo per iniziare la formazione differenziata dei primi tessuti; contro questa passività e incapacità genetica dello zigote, nei suoi primi momenti lo zigote sintetizza velocemente proteine così come mette in rilievo l'attività dei geni SKY che sono quelli che producono la differenziazione sessuale.

L'embrione ha fin dall'inizio ciò che si può chiamare autonomia genetica, questo vuol dire che non dipende geneticamente dalla madre, dipende in quanto che ha bisogno per il loro sviluppo il mezzo necessario, cioè l'ambiente adeguato. La sua situazione di dipendenza non varia tanto da prima a dopo la nascita. A proposito di questo il prof. Colombo afferma:

"Alla luce delle recenti ricerche della genetica e dell'embriologia umana la ipotesi della completa inerzia del genoma umano fino allo stadio di 4/8 blastomeri deve essere corretta. La obiezione filosofica che su questo si è costruita e

---

[130] POST S., *Encyclopedia of Bioethics*, Thomson Gale, 3rd Edition, volume 2, New York 2004, pp. 708ss.

che pretende negare all'embrione umano precoce lo statuto di nuovo organismo in atto capace di svilupparsi in virtù della loro orientazione e determinazione intrinseca, così perde la sua consistenza biologica e deve essere abbandonato"[131].

L'embrione umano è un essere vivente completo in divenire, certamente che ha bisogno un ambiente adatto per svilupparsi da solo, così come noi abbiamo bisogno d'aria e acqua pulita per sopravvivere. Il Prof. E. Sgreccia afferma:

"Non è l'attecchimento ciò che fa all'embrione essere un embrione, cosi come non è il latte materno ciò che fa fare il bambino, se bene l'embrione e il bambino non possono sopravvivere senza l'attecchimento e senza il latte"[132].

L'embrione ha in sé il principio costitutivo del proprio essere se bene dipende estrinsecamente dall'utero. L'embrione ha il potere di passare dalla potenza all'atto, l'ambiente non li proporziona o non gli da forma né l'essenza, gli da soltanto i materiali necessari per il suo sviluppo.

È necessario non confondere autonomia con indipendenza, giacché la dipendenza rispetto all'ambiente è qualcosa che si dà sempre in ogni essere vivo. Inoltre, la relazione che fa ontologicamente, l'embrione non è

---

[131] COLOMBO Roberto, *Statuto biologico e statuto ontologico dell'embrione e del feto umano*, Anthropotes, 1996, XI, pp. 132ss.
[132] SGRECCIA Elio, *Manuale di Bioetica*, Vita e pensiero, 2 vol. Milano 1998, pp. 123-144.

necessariamente la relazione con la madre, bensì la relazione fra i gameti della madre e i gameti del padre.

Dal primo momento esiste una comunicazione chimica tra lo zigote e la madre, dopo sette giorni dalla fecondazione, lo zigote manda alla madre l'ormone corionica gonadotropina, con la quale s'inizia il processo dell'attecchimento, così, in questa maniera informa alla madre della gravidanza avvenuta e così impedisce che venga espulso mediante una nuova ovulazione.

Il concepimento di un individuo umano è il punto finale di un complesso processo detto processo di fertilizzazione, il cui processo consiste di parecchie tappe che avvengono in un ordine già prestabilito.

A seguito della fusione tra lo spermio e l'oocita, due cellule straordinariamente dotate e teleologicamente programmate, inizia una cascata d'eventi che culminano nell'avvio dello sviluppo embrionale.

L'onda ionica detta "onda del calcio", segna l'inizio dello sviluppo embrionale, dovute principalmente ad un improvviso e transitorio aumento della concentrazione intracellulare degli ioni Calcio sotto l'azione dell'oscillina.

Questa nuova cellula incomincia ad operare come un sistema unico, cioè come una unità, un essere vivente ontologicamente unitario, essenzialmente simile ad ogni altra cellula in fase mitotica.

Una delle prime attività del nuovo sistema è la reazione corticale, che consiste nella secrezione di enzimi idrolitici da parte di migliaia di granuli corticali simili ai lisosomi e localizzati nella zona periferica dell'oocita.

La riorganizzazione del nuovo genoma, che rappresenta il principale centro d'informazione per lo sviluppo del nuovo essere umano e per tutte le sue ulteriori funzioni, è la più importante tra le molte altre attività di questa nuova cellula.

I cromosomi si allineano all'equatore del fuso e si distribuiscono in modo ordinato nel citoplasma che ha incominciato a dividersi, fino a che si sono formate, con il completamento della citodieresi, due cellule, ciascuna dotata di una copia dell'intero genoma, che rimangono unite l'una all'altra formando l'embrione a due cellule.

Dallo stadio di 2-8 cellule esse rimangono legate tra loro mediante microvilli e ponti citoplasmatici intercellulari, che facilitano la trasmissione di segnali tra cellula e cellula, assolutamente necessaria per un accrescimento ordinato. Al quarto ciclo di moltiplicazione cellulare possono così essere chiaramente riconosciuti due tipi di cellule: quelle polari in cui è avvenuta la ridistribuzione, e quelle apolari. Esse assumono posizioni differenti: alla periferia le prime e al centro le seconde, e ricevono un destino differente, le prime dando origine alla linea cellulare trofoblastica e le seconde alla linea cellulare embrioblastica, imprimendo così all'embrione una vera eterogeneità morfologica.

Questa eterogeneità diviene ancora più evidente al quinto giorno dalla fertilizzazione, (sesto o settimo ciclo cellulare), quando appare la blastociste, formata da circa 64-128 cellule.

A questo punto l'utero è pronto per l'impianto, dovuto all'azione d'ormoni steroide prodotti nell'ovaio durante una precoce fase secretoria, che influenza la sintesi di proteine steroido-sensibili.

L'embrione, per parte sua, dopo l'impianto secerne la proteina B-1 specifica di gravidanza, la gonadotropina corionica umana e il 17 B-stradiolo. Questi favoriscono la permanenza del corpo luteo e collaborano al processo, a tre stadi, dell'adesione dell'embrione all'utero.

Il disco embrionale è una struttura altamente complessa composta di molte migliaia di cellule, rappresenta un punto di arrivo altamente significativo tra gli stadi iniziali dello sviluppo precoce del nuovo essere umano, e anche un punto decisivo per il suo futuro sviluppo. Infatti, durante le successive tre settimane, in questo disco embrionale è definito il disegno generale del corpo e iniziato il modellamento dei differenti organi e tessuti, seguito dall'istogenesi e dall'organogenesi.

Alla quinta settimana di gestazione, quando la lunghezza dell'embrione e ancora di poco inferiore a 1 cm, sono già presenti le strutture del cerebello, del cuore, e d'alcuni tratti polmonari, gastro-enterici ed urinari, ed è iniziata la differenziazione sessuale; alla sesta settimana i primordi degli arti sono chiaramente visibili e alla settima settimana la forma del corpo è completa[133].

Secondo tutto ciò che avviamo visto, possiamo affermare che le basi per la difesa della individualità dell'embrione umano vengono dalla stessa biologia, questa sottolinea che nello zigote sta già costituita la identità biologica di un nuovo individuo umano.

"A partire dello studio sistematico delle varie forme viventi, delle loro strutture e delle relazioni tra di esse, il concetto biologico di vita -et quidem di vita umana- rimanda a una pluralità di referenti. È vita quella di una cellula,

---

[133] SERRA A. – COLOMBO R., *Identità e statuto dell'embrione umano: il contributo della biologia*, In Pontificia Accademia Pro Vita (a cura di), Identità e statuto dall'embrione umano, Libreria Editrice Vaticana, Città del Vaticano 1998, pp. 106 – 158.

l'unità fondamentale di struttura, funzione, e riproduzione di ogni vivente; ma lo è non di meno quella di un tessuto, di un organo, così come di una popolazione o di un'intera specie. Nel senso più estensivo, la vita sulla Terra è una sola e include ogni sua forma, dal più piccolo e semplice procariote sino al più grande e complesso eucariote. Così si può riconoscere una forma di vita umana in ogni singola cellula del nostro corpo, nel cuore che batte o nel cervello funzionale, costituito a sua volta da miliardi de cellule del sistema nervoso centrale. La cellula di un essere umano è umana (citogeneticamente distinguibile da quella di un animale) e umani sono il nostro cuore e il nostro cervello (morfofunzionalmente distinguibili da quelli di altri mammiferi) [134].

La genetica ci mostra che dal primo momento si trova fissato il programma di ciò che sarà quell'essere vivente cioè un uomo appartenente alla razza umana. In questo senso è necessario accettare che lo zigote in relazione ai suoi genitori è un terzo individuo con identità propria.

L'embrione è un sistema combinato, nuovo, irriducibile alla somma dei due sistemi precedenti che lo hanno generato, cioè all'ovulo e allo spermatozoo. In questo nuovo individuo sta scritta geneticamente la mappa, il progetto che permette lo sviluppo programmato dello zigote fino alla sua completa formazione per mezzo di un processo continuo, coordinato e graduale; non possiamo dire che questo o l'altro è più importante, perché tutti si

---

[134] COLOMBO R. – NERI G. *La questione dell'embrione umano: aspetti biologici e antropologici*, In: Scienza, tecnica e rispetto dell'uomo (a cura di Sergio Zaninelli), Vita e Pensiero, Milano 2001, p. 40ss.

complimentano, tutti si fanno uno per fare quell'unità irrepetibile.

Il genoma umano presente nello zigote ha la forza in sé stesso d'iniziare, di indirizzare automaticamente lo sviluppo dell'embrione a un fine ben preciso; perciò, posiamo affermare che l'embrione è un tutto operativo, con metabolismo proprio. L'organismo individuale è quello che strutturalmente esige il suo DNA[135].

---

[135] Richiamo semplicemente la direzione di questo dinamismo autocostruttivo: del DNA all'RNA alle proteine: il DNA rappresenta un teletrasmettitore, l'RNA la telescrivente, le proteine il risultato scritto delle operazioni.

Fino allo stadio di due cellule, perciò, prima dell'annidamento si attivano i cosiddetti *crostoni rDNA e tDNA* i quali dirigono, per così dire dettano, il proprio messaggio in specifiche molecole di acido ribonucleico, rispettivamente l'rRNA contenuto nei ribosomi, minuti organi endocellulari che rappresentano la macchina nucleare per la sintesi delle proteine, e il tRNA, assolutamente necessario nello stesso meccanismo di sintesi proteica, con compito di veicolare gli aminoacidi.

Il riconoscimento degli aminoacidi specifici avverrebbe mediante un "secondo codice genetico" cui abbiamo accennato nel capitolo sulla origine della vita. Appena pronte queste molecole che rappresentano i meccanismi di sintesi, in certo numero sufficiente di cellule, si attiva la parte del genoma che si chiama mRNA, molecole che trasportano l'istruzione per la sentesi delle proteine e di molecole proteiche specifiche per la formazione della blastocisti.

Questo processo avviene tra il 2° e il 3° giorno dalla fertilizzazione, prosegue nei giorni successivi a ritmo vertiginoso e tramite segnali che si trasmettono di cellula a cellula, queste sì vano selettivamente disponendo in appropriate regioni dell'embrione; le diverse cellule, sempre comandate dalle istruzioni del programma genetico, vengono ad assumere la

Lo zigote, pertanto, riunisce dallo stesso momento della sua formazione, tutta l'informazione genetica necessaria per programmare lo sviluppo del nuovo essere; così che, se non ci sono alterazioni dal momento in cui comincia a funzionare il primo gene nella prima cellula, la programmazione genetica ci porterà necessariamente alla formazione di un nuovo individuo.

Naturalmente il processo di sviluppo di questo zigote in individuo adulto ha bisogno di un ambiente; cioè, di fattori non genetici. Lo sviluppo di questa nuova vita può essere definito come il processo di crescita e differenziazione risultante dell'interazione fra nucleo e citoplasma, ambiente cellulare interno ed esterno. Da questo insieme, viene fuori un individuo, cioè, un essere unico e irrepetibile.

---

differente determinazione con le precise caratteristiche. SGRECCIA Elio, *Manuale di Bioetica*, Vita e Pensiero, volume I., Milano 1998., (Seconda ristampa della terza edizione: 2003), pp. 442ss.

2. ASPETTI FILOSOFICI PER AFFERMARE L'EMBRIONE COME PERSONA UMANA

Il punto cruciale è quello di definire la persona nella sua costituzionale realtà, al di là, della stessa consapevolezza che tutti i singoli uomini possano averne e al di là delle capacità espressive raggiunte da ogni singola personalità nel processo della sua maturazione[136].

"Cosa è la persona? È l'essere umano individuale realmente esistente. La definizione filosofica di persona non è altro che l'espressione logica della realtà ontologica dell'individuo umano reale. Con persona umana si vuole

---

[136] SGRECCIA Elio, *Manuale di Bioetica*, Vita e Pensiero, volume I., Milano 1998., (Seconda ristampa della terza edizione: 2003), pp. 106ss.

indicare tutto ciò che è specifico dell'uomo, che lo differenzia dagli altri esseri, quanto ne fonda la dignità e i diritti ed esiste in un individuo concreto. Il termine "persona" viene dal greco **prósŌpon** *e dell'equivalente latino persona. Il* **prósŌpon** *era la maschera che adoperavano gli attori antichi nelle rappresentazioni teatrali. La maschera nascondeva il volto dell'attore e faceva risuonare la voce fortemente (per-sonare: suonare in tutte le direzioni); perciò* **prósŌpon** *significa pure personaggio, colui che viene rappresentato mediante la maschera dell'attore. Nelle dispute teologiche dei primi secoli, il termine perse l'antico significato di maschera e presto venne identificato con il termine greco* **hypóstasis***. Ma* **hypóstasis** *si traduce direttamente in latino con* **substantia, suppositum** *(sostrato, fondamento), ciò che è realmente in opposizione alle sue apparenze. L'ulteriore sviluppo nella patristica e nella scolastica dette origine alle definizioni di Boezio e Tommaso d'Aquino. La definizione boeziana:* **natura rationalis individua substantia** *(sostanza singola di natura razionale)[137] è ripresa da san Tommaso, il quale la riformula in modo più perfetto:* **subsistens in rational natura** *(sussistente singolo di natura razionale)[138]. Questa definizione mi sembra quella che meglio determina il*

---

[137] *De persona et duabus naturis*, cap. 3; PL, 64, 1343.

[138] *Summa Theol.*, I, q. 29, a. 3; «In praedicta definitione personae ponitur substantia individua, inquantum significat singulare in genere substantiae; addiritur autem rationalis naturae, inquantum significat singulare in rationalibus substantiis» (I, q. 29, a. 1); «Omne individuum rationalis naturae dicitur persona» (I, q. 19, a. 3, ad 2).

concetto di persona, identificandolo empiricamente con l'individuo di natura umana"[139].

Il problema più importante dal punto di vista filosofico dell'embrione è il carattere personale.

"Diversa è la posizione di chi ritiene che la questione embrionale non si debba limitare ad individuare fattualmente l'embrione umano in un individuo della specie umana in fase di sviluppo prenatale, ma richieda di precisare ulteriormente il suo status singolare rispetto a quello di altri viventi (non umani) oppure, secondo taluni, rispetto all'uomo in fase successiva del suo sviluppo. Tale posizione stata espressa attraverso domande di questo tenore: «L'embrione umano è un individuo umano a pieno titolo?» e «Come un individuo umano non sarebbe una persona umana?». La seconda forma interrogativa fa ricorso ad un concetto morale -recepito da molte teorie etiche contemporanee e di tenere elevatissimo- ad un rispetto e ad una tutela del soggetto così identificato, ma presenta lo svantaggio connesso alla lunga e controversa storia dell'idea di persona che ai giorni nostri rende necessaria una severa disamina critica prima di poterla assumere a fondamento di una argomentazione etica o giuridica…. Assumendo il concetto di persona come capace di indicare ogni uomo e tutto l'uomo proprio in quanto uomo, a prescindere da ulteriori distinzioni accidentali, la legittimità teorica di una pretesa separazione tra persone e individui umani (viventi dalla specie Homo Sapiens) viene a cadere. L'essere uomo non solo sottrae l'uomo al novero delle cose e a quello degli animali (pur egli

---

[139] LUCAS LUCAS R. *Antropologia e problemi bioetici*, Edizioni San Paolo, Milano 2001, p. 91.

potendo venire legittimamente studiato anche in termini cosali e animali sotto il profilo analitico, rispettivamente fisico e biologico), riconoscendogli la natura o essenza dell'essere umano.... Tra i concetti di persona, quello classico -che seconda la sua formulazione boeziana fa riferimento a una "sostanza individuale di natura razionale"- rende ragione sia della qualità essenziale dell'essere umano sia della sua identità diacronica pur nel mutamento accidentale dei suoi aspetti morfofunzionali e psicologici. Se assunto all'interno di una concezione unitaria dell'uomo di tipo ontologico, in cui il suo essere corpore et anima unus fa riferimento all'anima razionale quale forma sostanziale del corpo, il concetto proposto consente anche di individuare chi è persona e quando inizia a esistere una persona umana"[140].

La natura umana è fatta d'anima e di corpo, di psiche e di fisico e quindi la personalità nell'uomo coincide con l'atto esistenziale nel momento stesso in cui si attua appunto il nuovo essere che agisce come tale.

Tra il già compiuto e il non ancora sviluppato c'è l'arco della gestazione e della vita, ma non c'è salto qualitativo, o meglio ontologico; è il medesimo atto esistenziale che alimenta lo sviluppo. Perciò, la manifestazione della realtà ontologica ed esistenziale avviene gradualmente e continua per tutta la vita, ma questo fatto non autorizza a pensare che il poi non sia radicato e causato del già.

L'unità di sviluppo e l'unità ontologica dell'essere umano in formazione, portano ad affermare che: è l'Io che è

---

[140] COLOMBO R. – NERI G. *La questione dell'embrione umano: aspetti biologici e antropologici*, In: ZANINELLI S., *Scienza, tecnica e rispetto dell'uomo*, Vita e Pensiero, Milano 2001, p. 57ss.

realmente presente e operante, anche quando non avesse ancora l'autocoscienza e quindi, davanti all'embrione umano, siamo di fronte ad una vita umana individuale in stato di sviluppo.

Così, l'embrione umano è una sostanza vivente ed individualizzata, perciò, fin dal momento della fecondazione esso è in grado di guidare a maturazione una corporeità e per questa ragione, l'embrione umano pur trovandosi in una particolare fase della sua esistenza in cui la forma umana, così come siamo comunemente portati a pensarla, non è ancora espressa, non è una pura potenzialità bensì, una sostanza che cresce, si muove ed è ben individualizzata.

"E anche se dal punto di vista psicologico e sociale la persona si realizza come personalità in un lungo cammino di interscambi relazionali e culturali con l'ambiente, la sua esistenza è da porsi fin dal momento in cui viene attuata la sua individualità biologica: «Come un individuo umano non sarebbe una persona umana?». Inoltre, anche se nell'embrione non si ravvisano tutte quelle caratteristiche che consideriamo proprie di una persona, bisogna tenere però presente che l'embrione è in sé finalizzato a divenire quella persona"[141].

I presupposti filosofici che negano il carattere di persona ad alcuni individui umani sono fondamentalmente due:

---

[141] Sgreccia Elio, *Manuale di Bioetica*, Vita e Pensiero, volume I., Milano 1998., (Seconda ristampa della terza edizione: 2003), pp. 463.

> ➢ Il dualismo.- ha che vedere con l'essere ontologico della persona;

> ➢ L'utilitarismo.- ha che vedere con il mezzo sociale in cui la persona o l'individuo svolge il suo compito come uomo.

Il dualismo contrappone vita biologica e vita personale, e dà il titolo con tutte le sue condizioni di persona soltanto a quell'essere umano che sia capace di fare, di realizzare determinate funzioni. Soltanto così, l'uomo da indizi d'umanità altrimenti non è persona, non è uomo, è semplicemente un essere inerte senza diritti. Inoltre, si considera persona quell'essere umano che ha un insieme di caratteristiche presenti attuanti e funzionanti e che logicamente può compiere un insieme d'operazioni.

D'accordo con questo, il dualismo considera come persona, soltanto quell'essere umano che si comporta o può comportarsi immediatamente come tale. Li, dove tale capacità non sia empiricamente constatabile, non ci troviamo davanti a una persona, se ben questo è un organismo appartenente alla specie umana.

La concezione dualista della persona viene da **Cartesio**. È stato questo filosofo francese a parlare per primo della *res cogita* e *res extensa*, da cui viene fuori una specie di paradigma nella Bioetica contemporanea.

Ci sono autori soprattutto americani che danno una gerarchia agli esseri umani partendo dell'autocoscienza e della libertà, nella quale soltanto gli adulti sono competenti non così i malati mentali, i feti e i bambini piccoli.

Inoltre, tutti questi esseri, che non sono padroni di se stessi sono proprietà della persona che li produce e quindi, i "padroni" possono decidere quando e come devono essere eliminati. Ancor di più, tutto quello che appartiene al nostro corpo, lo sperma, gli ovuli, lo zigote e persino i feti sono di proprietà della persona che gli produce; quindi, possiamo disporre di loro fino a che possano valersi da soli e diventino così, delle identità consci e liberi e dunque passino a formare parte della comunità.

Altri affermano che per parlare di persona è necessario che ci sia il dialogo, dicono che l'embrione soltanto può arrivare a essere persona in potenza dal momento in cui, si conferma l'attecchimento e poi diventa persona umana in atto nel momento in cui fosse capace di comunicare i suoi sentimenti per mezzo della parola e di gesti coordinati. Fin qui, lo zigote non sarebbe altro che una remota possibilità di arrivare a diventare persona.

Dal dualismo, viene l'approvazione della legge permissiva sull'aborto, così com'è capitato nel mondo occidentale dalla sentenza Roe vs. Rade, del 1974, dove era ben accettata la legge dell'aborto, come diritto alla intimità della madre, sopra il diritto alla vita dell'embrione e anche del feto. Infatti, le prime sperimentazioni su embrioni sono state fatte appunto all'interno dell'utero. Questi interventi sono stati possibili in donne che avevano deciso abortire.

Da punti di vista abortisti, sarebbe assurdo accettare una manipolazione maggiore, che logicamente consiste nella uccisione dell'embrione, e poi preoccuparsi di una manipolazione minore che arriva alla sperimentazione.

Dobbiamo ricordare che i primi sperimenti di fecondazione in vitro, si sono realizzate in animali con fini terapeutici, ma la sua applicazione nel mondo della clinica si è potuto produrre in una società nella quale, progressivamente si aveva indebolito la difesa della vita, principalmente per la accettazione e la legalizzazione dell'aborto. Inoltre, sperimenti e applicazione che si davano nel campo della veterinaria, si presentano oggi come adeguate anche nella medicina.

Anche dal dualismo, procede il diritto di proprietà ai genitori sugli embrioni, di questa maniera loro possono disporre di questi piccoli per poi donarli, congelarli, impiantali o metterli a disposizione degli scienziati per la ricerca.

Accanto al dualismo sta l'utilitarismo, questa è l'ideologia che governa la nostra società, ideologia che separa i concetti di persona in relazione al concetto di individuo della specie umana, da questa prospettiva tutto si può fare con gli embrioni, qualsiasi sperimentazione è lecita sugli embrioni. Così viene data la attribuzione della titolarità di diritti soltanto a quelli che hanno la capacità sensoriale in speciale sensibilità al dolore.

Pertanto, sarebbe lecito sperimentare su embrioni umani, mentre non venga prodotto nessun dolore e nessuna sofferenza all'embrione, cioè finché non si abbia prodotto uno sviluppo sufficiente della corteccia cerebrale, entro la quinta e ottava settimana dalla fertilizzazione.

Un altro argomento dell'utilitarismo, che oggi in una società globalizzata trova ascolto è quello di affermare, che sempre si deve cercare il bene maggiore per un numero maggiore d'individui, ciò si potrebbe raggiungere, con certi sperimenti a favore di malati su quali si può trapiantare tessuti embrionali o fetali. Procedura che porta a isolare cellule totipotenziali delle blastocisti, elementi con i quali si può avere i materiali per portare avanti la ricostruzione di qualsiasi tessuto organico.

Queste cellule si moltiplicano prima di specializzarsi, e così abbiamo cellule capaci di creare insulina per quelli che soffrono di diabeti, cellule per rigenerare il tessuto cardiaco, o tessuto del rene, del pancreas, tessuto cerebrale per sostituire il tessuto morto nell'alzheimer e il parkinson (come stato indicato nel capitolo precedente).

Certamente tutta questa produzione di tessuti darà la possibilità di tanto guadagno a tutte le case farmaceutiche che produrranno questo tipo di materiale.

Tutti questi principi, che appena abbiamo visto, godono di un ampio riconoscimento nella legislazione sulla sperimentazione con embrioni. Infatti, nell'informe Warnock del 18 luglio del 1984 gli scienziati si inventano il concetto di "pre-embrione", dovuto alla biologia nata in Inghilterra con Jeanne McLaren, la quale stabilisce il giorno 14° dal concepimento, come il tempo in cui si può sperimentare sugli embrioni.

Davanti a queste argomentazioni, diventa importante la definizione di persona come sostanza individuale che fa uso del concetto aristotelico di sostanza, il quale è sempre un *tòde tì*, non un *àtomon*:

"Differenza tra individuo e indivisibile: l'obiezione del 14° giorno.- queste considerazione permettono di rispondere all'obiezione che considera che l'embrione prima del quattordicesimo giorno dal concepimento non è ancora un individuo, in quanto può dividersi in due gemelli. Questa obiezione potrebbe avere valore solo se l'individuo fosse inteso come qualcosa di indivisibile (Aristotele, Metafisica VII, 1028 a 10-30; IX, 1049 a 14-18), ma non ha valore alcuno se l'individuo viene giustamente inteso come una realtà a sé stante. La definizione di persona come sostanza individuale fa uso del concetto aristotelico di sostanza, che ò sempre un tòde tì, non un àtomon. In base a questo ragionamento mi pare logico che il fatto della divisione in due gemelli non contraddica l'individualità del primo. Ciò che succede nella

gemellazione non è che un individuo si converta in due, ma che da un individuo si origina un altro; un individuo da origine a un altro, senza perdere la propria individualità originaria. È un sistema biologico unitario, un individuo umano quello dal quale "si stacca" una parte composta da una o più cellule che, ancora totipotenti, possono continuare lo sviluppo come un nuovo organismo individuale dal momento del distacco: il primo sistema non "includeva" il secondo, ma questo ultimo "ha avuto origine" dal primo"[142].

L'arbitrarietà del 14° giorno è attualmente dimostrata erronea da alcuni pensatori e ancora di più, lo stesso informe riconosce l'arbitrarietà, nel momento in cui afferma che:

"nessun stadio particolare del processo di sviluppo è più importante dell'altro. Tutti formano parte di un processo continuo"[143].

Posteriormente si argomenta che intorno a questa data si produce lo sviluppo del neurone e anche avviene l'attecchimento uterino e così la fine della multitotipotenzialità.

Gli scienziati, manipolando la semantica nel campo della biomedicina, sono stati inventati alcuni termini assurdi, come quello del pre-embrione, per dare passo libero all'utilitarismo e così giungere senza nessun

---

[142] Lucas Lucas R. *Antropologia e problemi bioetici*, Edizioni San Paolo, Milano 2001, p. 94ss.
[143] Warnock M., *A question of life*, Basil Blackwell, Oxford 1984, cap. 11, pp.58-69.

problema all'aborto eugenetico, cioè la selezione degli esseri umani.

"*una vittima della manipolazione semantica è l'embrione umano. Il neologismo pseudo-scientifico di pre-embrione (che inidica l'embrione nei primi 14 giorni di vita) è stato coniato per consentire l'impiego a fini scientifici. Eppure, nessun manuale di embriologia reca traccia di tale entità e coloro stessi che hanno proposto una bipartizione della vita embrio-fetale hanno ammesso la sua ingiustificabilità scientifica....*

Al neologismo pre-embrioni si aggiunge il neologismo contraccezione d'emergenza, per indicare un insieme di pratiche a cui si fa ricorso dopo un rapporto sessuale che si presume fecondante, allo scopo di impedire la prosecuzione dell'eventuale gravidanza. In modo equivalente vengono utilizzate le locuzioni contraccezione poscoitale o pillola del giorno dopo. Dal momento, però, che il meccanismo d'azione di questi prodotti (estrogeni, estroprogestinici, progestinici, danazolo, mifepristone, spirale) consiste essenzialmente nell'impedire il proseguimento dello sviluppo dell'embrione, rendendone impossibile l'annidamento nella parete uterina, è certamente errato definirli contraccettivi.

Infatti, dire che la contraccezione d'emergenza ha un effetto antinidatorio non equivale a dire che è un contraccettivo, bensì un abortivo, dal momento che l'effetto antinidatorio (definito anche intercetivo) si può estrinsecare solo dopo l'avvenuta fecondazione"[144].

---

[144] DI PIETRO MARIA LUISA – FIORE ANGELO, *Manipolazioni lessicali e semantiche in bioetica*, In: ZANINELLI S., *Scienza, tecnica e rispetto dell'uomo*, Vita e Pensiero, Milano 2001, p. 123 – 142.

Per peggiorare la situazione, un nuovo principio utilitarista, da alcuni anni, sta prendendo forza nell'opinione pubblica occidentale.

Tutta la società è testimone, di come ogni giorno vengono ameno i diritti umani soprattutto nella vita nascente e dall'altra parte fioriscono i diritti animali. Cosa vuol dire questo? Certamente qui c'è una negazione della differenza qualitativa fra essere umano e animale, cioè che sarebbe meglio utilizzare embrioni umani di poche settimane, anziché utilizzare animali più sviluppati i quali, "potrebbero soffrire".

Da un'altra parte, nell'analisi relazionale fra fecondazione in vitro e sperimentazione, possiamo renderci conto e affermare che la sperimentazione con embrioni sta intimamente connessa alla fecondazione in vitro. In questo argomento entrano tutti quei procedimenti sperimentali che, passando attraverso la fecondazione in vitro, vengono posti in atto con l'intento di acquisire conoscenze sul DNA umano, sulle compatibilità immunologiche, sull'azione di farmaci ecc., o anche al fine di portare a termine delle verifiche di ulteriori combinazioni con la clonazione di cellule embrionali, o la fecondazione enterspecifica[145].

Sia la fecondazione in vitro che la sperimentazione hanno una stretta relazione con l'ideologia utilitarista e

---

[145] SGRECCIA Elio, *Manuale di Bioetica*, Vita e Pensiero, volume I., Milano 1998., (Seconda ristampa della terza edizione: 2003), pp. 554ss. Sul tema vedere anche: DYSON – HARRIS, *Experiments on embryos*; DUNSTAN – SELLER, *The status of...*; SPAGNOLO – SGRECCIA, *il feto umano...*; SERRA, *La sperimentazione...*; SGRECCIA E., *Interventi su embrioni e feti umani*, In: SGRECCIA – LUCAS LUCAS R., *Commento interdisciplinare alla «Evangelium vitae»...*, pp. 617-635.

questo si può vedere nel principio che dice: "è buono mentre sia buono per la maggioranza".

L'utilitarismo, inoltre, porta a mettere la patente a tutti i prodotti, nel mondo delle biotecnologie in maniera speciale alle scoperte relazionate con i coltivi cellulari. Così questa mentalità sta dietro le grandi richieste di terapie rigenerativi basate appunto nei coltivi cellulari.

Per stabilire lo statuto ontologico dell'embrione, è necessario eliminare il razionalismo dualista esistente nelle nuove filosofie, se deve riconoscere la legittimità di un sapere nuovo e diverso, di quello comune alle scienze empiriche moderne; queste si sono dedicate alla conoscenza di quello che si può misurare, tralasciando quello che non si può misurare[146].

Questo fenomeno sì da soprattutto nel mondo del fisico, nel quale: ciò che è spirituale si riduce allo psichico, lo psichico al cerebrale e neuronale, l'organismo al cellulare, quello che è cellulare passa al molecolare, il molecolare passa all'atomico e subatomico. Secondo questo l'uomo non è altro che materia che si può misurare. Invece si deve riconoscere un sapere diverso e ulteriore sull'uomo in relazione a quello proprio delle scienze biologiche, un sapere che dia all'embrione la dignità dovuta[147].

---

[146] MELINA Livio, *El embrión humano. Estatuto biológico, antropológico y jurídico,* Madrid 2000, Rialp, p. 7.

[147] (...) l'embrione è un individuo umano in sviluppo e perciò merita il rispetto che si deve ad ogni uomo (...), SGRECCIA Elio, *Manuale di Bioetica,* Vita e pensiero, volume I., Milano 1998., (Seconda ristampa della terza edizione: 2003), pp. 452; Sull'argomento vedere anche: PALAZZANI L., *Il concetto di persona tra bioetica e diritto,* Torino 1996; PESSINA A., *Bioetica e antropologia. Il problema dello statuto ontologico dell'embrione umano,* Vita e Pensiero, 1996, 6, pp. 402-424.

Inoltre, si deve accogliere la dimensione trascendentale dell'essere persona, il quale ha in conto l'aspetto ontologico della realtà uomo ed è qui che per pensare nell'essere, in quanto tale, la scienza è inutile.

Fino adesso, l'elaborazione più completa sul carattere personale dell'embrione procede dalla filosofia di **Xavier Zubiri**. L'importanza dello studio di Zubiri, radica nella sua distinzione fra *"personeidad"* come struttura personale, la quale, si da, fino dal concepimento, struttura che avviene lentamente.

"La personalità è qualcosa che si va configurando lungo la vita dell'individuo. Costituisce un termine progressivo dello sviluppo vitale. La personalità si fa e tante volte si rifà. Non è qualcosa che sta e di ciò che si parte.

Ma la persona è qualcosa differente. Il concepito prima di nascere è persona. Sono persone a titolo come qualsiasi di noi. La parola persona significa avere un carattere nelle loro strutture e come tale è un punto di partenza. Perché è impossibile che abbia personalità chi non fosse già strutturalmente persona. Inoltre, non si lascia di essere persona perché questa ha lasciato di avere tali attributi. Questo carattere strutturale della persona, si denomina personeidad, a differenzia della personalidad"[148].

Questa distinzione salva l'identità e la continuazione dell'essere umano, cominciando dalla concezione, senza pretendere attribuire personalità allo zigote.

"L'uomo, infatti è formalmente una realtà sostantiva psico-organica. Questa unità strutturale della sostantività

---

[148] ZUBIRI Xavier, *Sobre el hombre*, Alianza, Madrid 1986, p. 113.

costitutiva della realtà umana esiste, a mio avviso dalla cellula germinale, giacché in essa si trova tutto ciò che è necessario per diventare ciò che si chiama essere umano. Il germe è un essere umano, è già un uomo germinante. Nel suo sistema germinale, oltre alle sue note fisicochimiche, sono gia presenti l'aspetto chimico, intelligenza, sentimenti, volontà. etc. il sistema germinale è gia il sistema sostantivo umano integrale.... La psiche sta gia nel plasma in attività, però in attività puramente passiva.... Se fosse possibile assistere di una maniera visuale allo sviluppo del plasma germinale dal suo concepimento fino che attua il primo atto più o meno intelligente di un bambino già nato non fossimo capaci di vedere nessuna divisione. Ben si, se potesse vedere come l'intelligenza fiorisce precisamente dalle sue strutture"[149].

La "personeidad" di Zubiri è quello che l'individuo ha, lo voglia o no, sta nella sua struttura, nella sua natura. L'embrione è persona, in quanto possiede sé stesso, realtà e proprietà sono suoi. L'embrione ha meno autonomia, però un maggiore controllo sul mezzo che quello dell'appena nato.

Di fronte a **Kant**, Zubiri considera che lo statuto ontologico della persona è prima e più importante dello statuto morale. È sugli *iuiris*, perché è persona e non al rovescio.

Di fronte al personismo che dimentica l'identità del soggetto, l'essere umano è sempre lo stesso, la stessa sostanza se ben non è sempre lo stesso. Infatti, l'essere

---

[149] ZUBIRI, Xavier, *Estructura dinámica de la realidad*. Alianza, Madrid 1989, p. 215.

umano rinnova interamente le sue 60.000 cellule ogni sette anni"[150].

"...il riconoscimento antropologico dell'identità personale dell'embrione umano non consente ancora di chiudere la questione. Si potrebbe ancora obiettare: dal riconoscimento antropologico dell'embrione come persona non deriva necessariamente il dovere morale di rispettarlo o la titolarità di diritti, se non presupponendo la dignità della persona (il discorso potrebbe anche essere capovolto, la negazione dello statuto personale all'embrione non equivale alla negazione di qualsiasi obbligo di rispetto e tutela). Del resto, proprio in bioetica l'ambiguità dell'uso del concetto di persona ha portato ad un atteggiamento di prudenza, se non addirittura di rifiuto: non è raro che proprio chi si dichiara promotore del rispetto della vita umana dal concepimento preferisca omettere o comunque trascurare il riferimento alla persona, per paura di cadere in pericolosi equivoci, tentando percorsi alternativi per dimostrarne la soggettività morale e giuridica.... Chi nega l'individualità e la personalità all'embrione umano, chi non lo ritiene degno intrinsecamente di tutela e meritevole di protezione, di fatto ammette, seppur con toni diversi (più stremi o più sfumati), la possibilità di disporre della vita dell'essere umano nelle primissimi fasi del suo sviluppo. Ammettere la disponibilità dell'embrione umano significa legittimare la strumentalizzazione dell'embrione: la posizione più radicale è quella di chi ritiene lecita la produzione di embrioni a solo scopo sperimentale distruttivo (o addirittura a scopo commerciale); più

---

[150] POSSENTI Vittorio, *¿Es el embrión persona?* Sobre el estatuto ontológico del embrión, En: AA.VV. (Massini y Serna ed.) *El derecho a la vida*, EUNSA, Pamplona 1998, p. 156.

moderata la posizione di chi ritiene che la sperimentazione non terapeutica possa essere applicata solo alla determinante condizione (ad esempio, su embrioni sopranumerari o in stato di abbandono o non impiantabili"[151].

---

[151] PALAZZANI L., *Identità e Statuto dell'embrione umano*, In: SOLDINI M., *Bioetica della vita nascente*, Edizioni Internazionali, Roma 2001, pp. 25-37.

3. Statuto Giuridico: l'embrione umano come soggetto di diritti

«Ogni individuo ha diritto alla vita, alla libertà e alla sicurezza della propria persona». Questa affermazione della *Dichiarazione universale dei diritti dell'uomo (art. 3)*, nessuno oggi come oggi è in grado di rifiutarla, giacché il diritto alla vita è il primo, il più fondamentale e il più ovvio dei diritti di ogni uomo.

Un diritto è una esigenza che si impone in virtù della stessa natura: esso è un appello, per ogni persona, alla realtà etica dell'obbligazione, che nasce dal riconoscimento della dignità altrui, creando quindi un corrispettivo dovere. Perciò, il diritto alla vita, tutte le Costituzioni lo menzionano al loro inizio, quale fondamento dello stesso ordine giuridico.

Le leggi che consentono l'aborto, sottraendo così alla tutela legale alcune categorie d'esseri umani, minano i fondamenti stessi della giustizia, per questo dovrebbero venire considerate ingiuste o "corruzioni della legge", pertanto devono essere ritenute prive di autentico valore legale.

Se non si ponessero questioni molto pratiche, come la liceità dell'aborto o della creazione, sperimentazione e distruzione d'embrioni umani per mezzo della fecondazione artificiale; nessuno metterebbe in discussione, quella che per la genetica e l'embriologia è un'acquisizione legittima, e cioè che fin dal momento della fecondazione e dell'apparizione della cellula primitiva, o zigote, si ha a che fare con un individuo, dotato di una sua struttura e distinto dall'organismo della madre, da cui dipende.

La discussione sullo statuto umano e personale dell'embrione offre un esempio chiaro di quanto influiscano le passioni e gli interessi nei dibattiti teorici tra gli studiosi. Ma la passione e gli interessi, che hanno la loro sede nella vita pratica, si esprimono poi anche in concezioni ideologiche ben scompaginate sul piano concettuale. Come ha spiegato **Karl Marx**[152], l'ideologia è la giustificazione teorica di un interesse pratico: essa maschera con argomentazioni speciose la difesa di vantaggi personali e sociali.

L'ideologia, accompagnata delle passioni e gli interessi oscurano lo sguardo e impediscono di vedere la realtà.

---

[152] Marx K. – Engels F., *L'ideologia tedesca*, (trad. F. Codino), Ed. Riuniti, Roma 1972,

«Mescolanza di scienza biologica e di filosofia, nella quale l'unità di anima e di corpo dell'essere umano viene disconosciuta e si da spazio ad un ragionamento ultimamente arbitrario sul rapporto tra corporeità, individuo ed essere personale»[153].

La maggiore difficoltà, per dotare all'embrione della condizione di soggetto di diritti, viene dell'idea nella quale la dimensione della maternità non è ben compressa, in quanto il nuovo essere, gli impone alla madre una certa cura intrasferibile. Fatto che, suppone una situazione analoga alla "schiavitù", dalla quale la madre deve essere liberata nel momento in cui, essa così decida.

Infatti, questa è la posizione del giurista americano, **Law**, che corrisponde alla ideologia che regge alla sentenza Roe vs Wade, per la quale si riconosce il diritto all'aborto, come diritto alla intimità, durante i sei primi mesi di gravidanza.

Cresce così, una mentalità che porta a identificare la libertà e la dignità con l'autarchia, e che porta a considerare indegno alla cura, sia nella dimensione attiva come nella passiva. Si vede la maternità come una sofferenza terribile e come un peso insopportabile, e logicamente questo diventa il principale problema per l'embrione.

La grande sfida del presente è, appunto, quella di dare il valore che merita alla cura, come il nucleo di quelli che si chiamano valori femminili. Ma questi valori stano soffrendo una egemonia impegnata in distruggerli. Appunto questa linea di pensiero comincia nel dualismo Cartesiano,

---

[153] Ratzinger J., *Intervento di presentazione dell'enciclica "Evangelium vitae"*, nel «L'Osservatore Romano» del 31 marzo 1995.

il quale concepisce la libertà come dominio di tutto ciò che sta nell'intorno e così si crea una mentalità di autosufficienza. Dell'altra parte sta Kant, il quale identifica il diritto con la volontà, e in fine sta il personalismo di Singer, continuatore di quelli che riducono il diritto soltanto per gli autosufficienti.

Questa maniera di vedere la realtà, nei nostri giorni purtroppo, sta presente nel fare filosofia. Una filosofia nella quale sì da molta importanza al dualismo, all'utilitarismo e al volontarismo; mentalità che porta alla rovina dell'essere persona con gli altri. La libertà concepita in questo senso diventa una lotta di tutti contro tutti, senza che nessuno abbia cura di nessuno, perché ognuno è un mondo con le sue verità, dove l'altro è buono se non mi da fastidio ne contraddice le mie idee e la mia verità.

La distinzione fra personeidad e personalidad di Zubiri permette a sua volta la reale universalità dei due aspetti. Dato che la personeidad è comune a tutti gli esseri umani e la personalidad non.

I diritti dell'essere come personeidad sono prima dei diritti che appartengono alla personalità. Così lo zigote ha diritto alla vita e per tanto diritto all'ambiente adeguato, cioè all'utero della madre, diritto che fa si che gli altri diritti ci siano, iniziando per il diritto allo sviluppo e alla nascita[154].

---

[154] Se si riconosce l'embrione umano come individuo umano, avente la qualità e dignità propria della persona umana, si deve conseguentemente riconoscere l'obbligo della sua protezione giuridica.

Il primo principio da applicarsi all'embrione umano è quello che riguarda il diritto fondamentale di ogni uomo alla vita e all'integrità fisica e genetica.

Lo zigote ha il diritto d'essere frutto dell'incontro fra sua madre e suo padre, così come lo afferma la Dichiarazione dei Diritti della Associazione Medica Mondiale.

Inoltre, si deve cercare sempre di evitare la superiorità della scienza e la tecnologia, perché altrimenti è lecito vedere lo zigote come semplice materiale biologico, il quale può essere adoperato a piacere.

Sono così da estendere all'embrione umano le protezioni gia riconosciute per i bambini, i malati, gli handicappati fisici e mentale.

Non si tratta tanto di configurare un diritto speciale, quando di adeguare il diritto comune ad un caso particolare. Pertanto, analogamente ciò che vale per l'uomo nato, dovranno essere sanciti anzitutto il diritto dell'uomo nascituro alla vita e alla salute e il divieto, anche penalmente qualificato, di ogni intervento sull'embrione che non sia compiuto a beneficio complessivo dell'embrione stesso. Come quella dell'uomo nato, la vita dell'embrione umano dev'essere riconosciuta inviolabile e non strumentalizzabile ad alcun fine esterno, neppure alla ricerca sperimentale scientifica o medica, alla fornitura di cellule o tessuti per scopi farmacologici o di trapianto, alla produzione (clonaggio e chimere) di altri essere umani.

Le legislazioni sull'interruzione volontaria della gravidanza, quantunque implicitamente riconoscano in astratto all'embrione dignità umana, di fatto hanno abdicato al dovere di assicuragli una protezione adeguata.

Un secondo principio, che deve ispirare una legislazione sulla nostra materia, è il principio della famiglia: si deve riconoscere e sancire per il concepito o per colui che s'intenda concepire, il diritto di venire all'esistenza nel contesto di un legame autentico di famiglia. *Identità e statuto dell'embrione umano*, «Medicina e Morale», Supplemento al n. 6 del 1996, pp. 9ss.

"Dal momento in cui l'embrione non è più protetto dal suo habitat naturale, il corpo della madre; niente può impedire che venga utilizzato a scopi contrari alla sua propria sopravvivenza"[155].

Al mancato trasferimento in utero, prosegue il congelamento, procedura apparsa in Australia nel 1983 e fu riconosciuta mondialmente un anno dopo nell'Informe Warnock.

Il congelamento degli embrioni si presenta come una offesa aggiunta, giacché con questa tecnica si espone a gravosi rischi di morte o danno perenne alla integrità fisica.

È ancor di più un attentato alla teleologia dello sviluppo immanente che ha in sé automaticamente l'embrione, una limitazione al suo diritto di svilupparsi, cercare e fare il proprio fine. Come dice la Istruzione Donum Vitae 1,6,

"lo stesso congelamento di embrioni, se ben se lo fa per mantenere con vita l'embrione, è una offesa al rispetto dovuto agli essere umani, perché sono esposti a gravissimi rischi di morte o di danni alla loro integrità fisica, sono privati della accoglienza e della gestazione materna e sono posti in situazioni suscettibili a nuove lesioni e manipolazioni".

La sperimentazione con embrioni trasforma un essere umano in strumento al servizio dell'altro, perciò alcuni scienziati, considerano importante estrarre tessuti

---

[155] ANDORNO R, *Bioética y dignidad de la persona*, Tecnos, Madrid 1997, p. 120.

da altre cellule totipotenti, le quali possono essere trovate nel cordone ombelicale, e in altre cellule adulte, così non è più necessario creare embrioni per fare terapie di rigenerazioni di tessuti o per curare alcune malattie (come stato indicato nel capitolo secondo). Perciò, il criterio etico fondamentale affinché ci sia la liceità dell'intervento è che questo abbia un carattere di beneficio per il proprio embrione, in tal caso sparisce ogni strumentalizzazione. Come dice la Raccomandazione 1046 del Parlamento Europeo:

"Tutti gli interventi sull'embrione o sul feto vivo in utero deve essere orientata al benessere del nascituro, cioè orientate al suo sviluppo e alla sua nascita".

Nella Raccomandazione 1.100 si stabilisce, che: devono essere vietati tutti gli sperimenti su embrioni e su feti vivi prima del trasferimento, trasferiti e feti vivi, normali o no. In caso di autorizzazione nazionale di sperimentazione su embrioni anormali, è richiesto il consenso preventivo della autorità sanitaria, e della commissione nazionale interdisciplinare, e in fine deve prevalere in ogni caso il criterio della **Raccomandazione Europea,** l'Assemblea:

"...considerando che è opportuno definire protezione giuridica dell'embrione umano sin dalla fecondazione dell'ovulo come è previsto dalla Raccomandazione 1046; considerando che l'embrione umano, pur sviluppandosi in fasi successivi indicate con definizione differenti (zigote, morula, blastula, embrione pre-implantatorio o pre-embrione, embrione, feto), manifesta comunque una differenziazione progressiva del suo organismo, e tuttavia

mantiene continuamente la propria identità biologica e genetica...", stabilisce che "conformemente alla Raccomandazione 934 e 1046 le ricerche in vitro su embrioni vivi non possono essere autorizzate tranne nel caso in cui si tratti di ricerche applicate di carattere diagnostico effettuate ai fini di prevenzione o terapia [nell'interesse del feto, n.d.r.]; non si intervenga sul loro patrimonio genetico non patologico".

Uguale divieto viene fatto alla sperimentazione, a meno che non direttamente terapeutica, su feti impiantati e viventi in itero e su embrioni post-implantatorio o su feti viventi al fuori dell'utero.

Alla luce di quanto in precedenza precisato dalla Raccomandazione n. 1046/1986 si può pero dedurre che la Raccomandazione n. 1100/1989 consenta la ricerca ma non la sperimentazione anche se tale interpretazione viene messa in dubbio dall'art. 14 ove relativamente, però, agli embrioni vivi post-implantatorio o ai feti al di fuori dell'utero si manifesta una certa tolleranza nei confronti di quegli Stati che consentono la sperimentazione: "Devono essere proibiti gli esperimenti su embrioni o feti viventi, vitali o non (post-implantatorio o al di fuori dell'utero). Tuttavia, nel caso in cui uno Stato autorizzi talune esperienze su feti o embrioni non viabili esclusivamente, queste esperienze possono essere praticate, solo nel caso in cui siano confermi alle disposizioni della presente raccomandazione e abbiano avuto il consenso preventivo delle autorità sanitarie o scientifiche, o, se del caso, della commissione nazionale interdisciplinare".

La Risoluzione A2-327/88 così si pronuncia: "Il Parlamento Europeo..., in merito alla ricerca su embrioni ricorda che anche lo zigote deve essere protetto e che per tanto non lo si può utilizzare in modo indiscriminato per la sperimentazione; è del parere che non sia sufficiente una regolamentazione del problema mediante direttive specifiche a livello medico; chiede di definire in modo giuridicamente vincolante i possibili settori di applicazione della ricerca, della diagnostica e delle terapie, particolarmente anche prenatali, in modo che gli interventi sugli embrioni umani vivi ovvero sui feti o sperimenti su di essi siano giustificati solo se presentano un'utilità diretta, non altrimenti realizzabile, per il benessere del bambino in questione e della madre e rispettino l'integrità fisica e psichica della donna in questione.... In Italia il Comitato Nazionale per la bioetica, pur riconoscendo -nel documento "Identità e statuto dell'embrione umano"- "il dovere morale si trattare l'embrione umano, sin dalla fecondazione, secondo i criteri di rispetto e tutela che si devono adottare nei confronti degli individui umani a cui si attribuisce comunemente la caratteristica di persona", approva anche -seppur non a maggioranza- "l'utilizzazione per scopi sperimentali o terapeutici di embrioni freschi o crioconservati che siano biologicamente inadatti all'impianto" e "l'utilizzazione per scopi sperimentali o terapeutici di embrioni crioconservati in stato di abbandono, purché il loro ulteriore sviluppo non venga protratto oltre il termini in cui, in caso di sviluppo normale, avrebbe potuto impiantarsi"[156].

In ciò che riguarda i trapianti, soltanto sarà lecito farlo, una volta che si è prodotto la morte dell'embrione.

---

[156] COMITATO NAZIONALE PER LA BIOETICA, *Identità e statuto dell'embrione umano*, 22 giugno 1996, Presidenza del Consiglio dei Ministri, Dipartimento per l'Informazione e l'Editoria, Roma, 1996.

Per capire l'aspetto giuridico che fino adesso si è sviluppato, si devono avere in considerazione tre correnti o sistemi di pensiero:

> In primo luogo, il pensiero anglosassone[157]; il quale nega la condizione di soggetto di diritti all'embrione, dalla sentenza Roe vs. Wade nel 1973. E ancora di più, è considerato come oggetto di sperimentazione, come materiale biologico disponibile, semplice oggetto.

  - L'informe Donalson, favorevole alla clonazione senza fini riproduttivi. In una situazione somigliante dobbiamo mettere la legislazione spagnola del 1989 che autorizza il congelamento d'embrioni e l'utilizzo scientifico degli stessi con il consenso informato dei genitori, così anche la diagnosi preimpianto.
  - Il Groupe de Ethique du Europe, viene ispirato fondamentalmente nel modello anglosassone. Non per niente appartiene a questa commissione la biologa Jeanne McLaren, la quale formò parte della commissione Warnock, dove viene introdotto il termine pre-embrione. Perciò, nel suo rapporto sulla Dichiarazione dei diritti dell'Unione Europea del 3 febbraio 2000, considera che il diritto alla vita è un diritto con molti

---

[157] CASINI M., *Il diritto alla vita del concepito nella giurisprudenza europea*, CEDAM – Padova 2001, pp. 37-77.

problemi, se si ha in considerazione la diversità di punti di vista esistenti in Europa sull'aborto e l'eutanasia.

➤ Dopo abbiamo il modello tedesco[158]; che occupa una posizione intermedia, una volta che ha affermato e ha stabilito che le tecniche di riproduzione assistita soltanto sono lecite se non si trova un altro metodo per lottare contro l'infertilità e contro malattie ereditarie, vieta tali tecniche allo scopo di ricerche. Nella fecondazione in vitro occorre creare tanti embrioni, i quali vengono tutti trasferite in utero.

➤ Infine, abbiamo il modello italiano[159]; il 10 febbraio 2004 il Parlamento della Repubblica italiana ha approvato la Legge sulla procreazione medicalmente assistita. Si può dire che questo modello è il più rispettoso degli anteriori modelli nei confronti della vita nascente vale a dire dell'embrione umano.

Si deve dire anche che il modello iberoamericano, difende apertamente il carattere personale dell'embrione dal concepimento e pertanto viene considerato come soggetto di diritti; così la recente sentenza della Corte Suprema di Giustizia di San José, del novembre 2000, dichiara incostituzionale un decreto che ammetteva la fecondazione in vitro in termini vicini alla legge tedesca.

---

[158] DE JORGE C. – BARRATT C., *Assisted Reproductive Technology (legal and ethical aspects)*, Cambridge University Press, Cambridge 2002, p. 407ss.
[159] CASINI C., *La legge sulla fecondazione artificiale (un primo passo nella giusta direzione)*, ed. Cantagalli, Siena – Aprile 2004, pp. 47-67.

Possiamo affermare con certezza che il problema centrale della Bioetica è lo statuto dell'embrione, come segnala Lombardi:

"dalla protezione dell'embrione scaturisce la protezione, cura e rispetto del bambino, adulto, anziano, e dell'uomo morente"[160].

E anche, di saper riconoscere gli sbagli e dire la verità sulla fecondazione artificiale come afferma la Dottoressa Di Pietro:

"Il mercato della fecondazione artificiale ci ha abituati a vedere solo i risultati, ad accontentarci della sola apparenza: una mamma felice con il suo bambino in braccio. Poco o nulla ci si è chiesti sui retroscena della fecondazione artificiale: qualcosa della verità è stato forse intuito, ma non tutto è stato capito, soprattutto, dall'opinione pubblica.

"È impossibile –scrive Aristotele nella Metafisica- *ad un uomo cogliere in modo adeguato la verità, ed è altrettanto impossibile non coglierla del tutto. Infatti, se qualcuno può dire qualcosa intorno alla realtà e se, singolarmente preso, questo contributo aggiunge poco o nulla alla conoscenza della verità; tuttavia, dall'unione di tutti i singoli contributi deriva un risultato considerevole".*

Questa ricerca della verità è stata resa possibile –nel caso dell'embrione umano- dall'apporto della biologia e della genetica, da una parte, e dalla riflessione filosofica, dall'altra. I dati sono disponibili alla lettura di chiunque abbia la volontà di farlo: è, però, necessario essere in grado di cogliere

---

[160] LOMBARDI L., *Terre*, Vita e pensiero, Milano 1989, pp. 167 e 409.

la verità in essi contenuta e non distorcerla per fini estranei alla verità stessa. È, invece, quanto sta purtroppo avvenendo: per poter raggiungere i propri fini, per accontentare il desiderio di un figlio o la presunzione di una radicale libertà di ricerca, non si esita –anche di fronte all'evidenza– ad alterare, modificare e mortificare la verità dell'embrione umano"[161].

[161] DI PIETRO M. L. – SGRECCIA E. *Procreazione assistita e fecondazione artificiale (tra scienza, bioetica e diritto)*, Editrice la Scuola, Brescia 1999, pp. 159.

CAPITOLO QUARTO

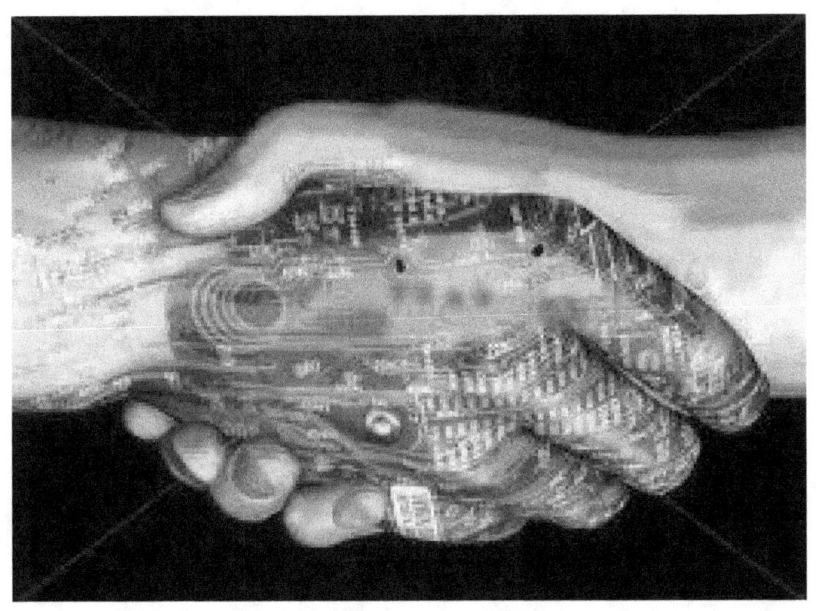

PROBLEMI ETICI

Non c'è dubbio che temi come: fecondazione in vitro in genere sia questa omologa che eterologa, maternità surrogata, eutanasia, uteri in affitto, clonazione[162]; sono i temi che più preoccupano alla società.

Purtroppo, stiamo assistendo alla vittoria dell'impoverimento etico, al crollo delle ideologie e dei principi morali che per secoli hanno sorretto la nostra civiltà e la maniera di pensare, di fare filosofia e quindi di agire.

Così, l'uomo è diventato il distruttore di sé stesso. In una società in cui prevale il materialismo, dove le persone vengono utilizzate come mezzi per arrivare a uno scopo preciso, in una società nella quale si gioca e si fa commercio con la vita, inevitabilmente ci domandiamo: dove andremo a finire? Cosa sarà delle nuove generazioni? di sicuro continueranno a vivere nello stesso distruggersi avvicenda?

---

[162] REVELLI A. - TUR-KASPA I. – HOLDE J. – MASSOBRIO M., *Biotechnology of Human Reproduction*, The Parthenon Publishing Group, New York 2003, pp. 161-453.

Si deve discutere il famoso benessere, la società di oggi è una malata cronica, questo grazie al lavoro dei medici disonesti, dei centri di assistenza sanitaria e di case farmaceutiche, il cui unico scopo è fare soldi. Si sono inventate un numero indefinito di malattie e per ognuna di queste una terapia, così persino il sano diventa malato e passa ad essere uno schiavo in più delle terapie.

Viviamo in una società nella quale persino il bambino in grembo risulta essere un tumore e quindi un pericolo per la donna; tumore, il quale deve essere estirpato e così garantire la salute fisica e psicologica della "paziente".

Dalle civiltà più antiche fino alla nostra, vi sono state organismi che hanno emanato ed emano leggi e norme di convivenza che regolano la vita dei popoli, ad esempio: nella antichità il Diritto Romano e nei nostri giorni il Consiglio d'Europa, il quale per svolgere il suo lavoro a favore dei diritti umani, si fonda sulla Convenzione Europea sui diritti umani, firmata a Roma il 4 novembre 1950.

I diritti e le libertà fondamentali garantite sono:

> ➢ Il diritto alla vita, il diritto alla libertà e alla sicurezza della persona;

> ➢ Il diritto ad un giusto processo, civile e penale;

> ➢ Il diritto alla libertà di pensiero, di coscienza e di religione;

> ➢ Il diritto alla libertà di espressione.

Fra le cose che vieta la Convenzione si legge:

> ➤ La tortura o i trattamenti disumani e degradanti;

> ➤ La pena di morte;

> ➤ La discriminazione nel soddisfacimento dei diritti e delle libertà protetti dalla legge;

> ➤ L'espulsione o l'allontanamento da uno stato dei propri cittadini;

> ➤ L'espulsione collettiva degli stranieri.

Nell'ultima decada, a seguito del grande sviluppo della scienza e della tecnologia, in tutti i campi e particolarmente nel campo dell'ingegneria genetica e delle biotecnologie, le quali sono le più propense nel commettere eccessi e trasgredire le leggi e le norme date nei diversi paesi a favore soprattutto della vita umana, è stato necessario rafforzare alcuni principi fra quelli menzionati, per imporre un controllo sugli sviluppi in questi campi allo scopo di assicurare che la scienza resti al servizio dell'uomo.

La vita viene protetta ogni volta che si affermano i diritti umani, in maniera speciale quando vengono sollevati i problemi del benessere e delle terapie della scienza moderna applicate all'uomo, vale a dire l'uso dei metodi resi disponibili dalla scienza medica al servizio della salute degli esseri umani.

C'è un giuramento conosciuto da tutti i medici, chiamato Giuramento Ippocratico, che dice:

"Prescriverò diete per il bene dei pazienti, secondo la mia abilità e il mio giudizio e mai procurerò del male ad alcuno. Mai prescriverò una droga mortale per far piacere ad alcuno, né mai gli darò un consiglio che possa provocarne la morte.... In ogni caso dove andrò, vi entrerò solo per il bene dei miei pazienti, tenendomi lontano da ogni atto malvagio volontario e da tutte le seduzioni".

Dal 1900, arriva il primo documento che tratta problemi etici nel campo della sperimentazione. In questo testo pubblicato in Prussia dal titolo: *Istruzioni agli amministratori degli ospedali*, si afferma che nessuna sperimentazione sarebbe stata ammessa su soggetti considerati giuridicamente incapaci e che la ricerca scientifica sarebbe stata usata se non per scopi diagnostici, terapeutici e immunitari.

È del 1947 la prima dichiarazione sulla sperimentazione su soggetti umani. Questo insieme di leggi chiamato *Codice di Norimberga*, è promulgato dopo il processo contro i medici che avevano condotto sperimenti, contro il consenso dei pazienti durante la Seconda guerra mondiale.

Nel 1964 appare la *Dichiarazione Helsinki*, che corrisponde ai testi adottati dalla *World Medical Association*. In questo documento, si danno direttive che guideranno il medico nel campo della ricerca biomedica. Questi testi saranno poi confermati dalle Assemblea di Tokio 1975 e di Venezia 1983.

Come affermavo prima, il veloce sviluppo della ricerca nel campo dell'ingegneria genetica, ha reso sempre più delicate le relazioni tra medici e pazienti. Oggi l'ingegneria genetica è capace di analizzare il genoma umano[163]; nella stessa maniera che il chimico può comporre e scomporre la molecola, è capace di leggere i messaggi dei codici genetici e così fare un giudizio delle future malattie e conseguenze fisiologiche. Il biologo, con il suo lavoro può leggere i codici di alcune malattie ereditarie estremamente complesse ed investigare le cause di questi problemi ogni giorno con una maggiore precisione.

L'ingegneria genetica con il progetto genoma umano e capace di individuare le sequenze dei tre miliardi e mezzo di caratteri chimici che costituiscono il codice genetico, nascosto nei 46 cromosomi che ha ogni essere umano.

A questo sviluppo senza sosta della scienza e della tecnologia, devono fare fronte gli organismi chiamati a fare rispettare il dono della vita, il genere umano e in sé l'uomo, creando ogni giorno nuove leggi e nuove norme sopratutto nell'ambito del biodiritto, per controllare i possibili abusi della biomedicina e della ingegneria genetica.

---

[163] En la práctica tenemos el borrador del 90% del genoma humano. Sabremos por lo tanto cómo se siguen, una tras otra, los tres mil millones de letras (A, T, C, G) que constituyen el alfabeto del código de la información genética. Se ha tratado de "secuenciar" una mole de datos comparable a una biblioteca de tres mil volúmenes, de miles de páginas cada uno, y con miles de letras por página.

Ahora están concentradas muchas energías en la segunda parte de programa: cartografiar los cerca de 150.000 genes, esto es, localizarlos en los cromosomas donde están alineados. Pero era absolutamente necesario comprobar antes cómo están dispuestas las letras, para después investigar dónde se colocan los mensajes específicos que constituyen los genes, y cuál es su estructura. SERRA A., ZENIT, 3 Mayo del 2000).

Un capitolo a parte diventa la problematica etica della fecondazione artificiale. Le nuove tecniche di fertilizzazione e fecondazione premono con la loro forza innovativa sui principi etici, giuridici e filosofici che regolano la nostra società, e ci portano a domandarci del perché degli embrioni in sopranumero frutto appunto, della fecondazione artificiale tante volte irresponsabile.

"Il perché degli embrioni "sopranumerari" o "superflui" dovrebbe essere già noto anche alla opinione pubblica non specializzata. Ma è opportuno ricordarlo ancora una volta in termini semplici. Questo "perché" può essere sintetizzato in una parola: "efficienza". Per rendere più probabile la nascita di un bambino, cioè il parto di un bimbo generato mediante Fivet, è assai utile produrre gli embrioni soprannumerari. In forma più brutale: per mettere un neonato in braccio ad una donna è utile che molti suoi fratellini muoiano.

Le uova non sono embrioni. Ma –è questa la terza difficoltà- fino ad oggi gli ovociti non sono facilmente congelabili, mentre gli embrioni si. In ogni caso è più facile e quindi più efficiente procedere al congelamento degli embrioni, anche se, dal punto di vista dei diritti umani, i problemi sono molto più gravi"[164].

---

[164] Casini C. *Abbandono di embrioni umani e adozione*, In: supplemento Si alla Vita, Mensile del Movimento per la vita Italiano, n. 4, aprile 1999, p. 2.

1. GIUDIZIO ETICO SULLA FECONDAZIONE ARTIFICIALE

La possibilità di creare un essere umano in laboratorio è iniziata nel 1937; l'ipotesi viene presentata per la prima volta nel *New England Journal of Medicine*. Questo studio va avanti ed è così che negli anni 40 s'iniziano ad ottenere i primi terreni di coltura, che non sono altro che un composto biochimico adatto per la sopravvivenza delle cellule.

Poi nel 1959 si annuncia la nascita dei primi conigli in vitro e nel 1964, R.G. Edwards notifica la fecondazione in vitro dei primi embrioni umani, nel 1970 si annuncia che sono stati sviluppati embrioni umani fino allo stadio di blastocisto, cioè embrioni umani fino a 116 cellule e finalmente nel 1978 nasce Louise Brown, il primo uomo, frutto della fecondazione in vitro[165].

Fino ad oggi attraverso tanti anni di sperimentazione, sono stati prodotti moltissimi embrioni umani. I risultati ci fanno interrogare sulla liceità o meno di questa pratica[166].

Pratica che prevede una grande perdita di embrioni, che prevede la manipolazione genetica, che prevede il congelamento di embrioni. Se ne deduce che non c'è rispetto della vita umana.

Il desiderio di procreare un figlio è innato nell'uomo e nella donna, ma alcuni individui per incapacità della loro natura si trovano nella condizione di non poter procreare. Ma, oggi con l'aiuto della scienza, forzano la natura e arrivano ad avere un figlio.

In questo processo si deve fare una differenza assai importante, differenza fra il legittimo desiderio e il comportamento egoista della donna o dell'uomo che facendo di tutto vuole procreare e quindi l'immediato problema del rispetto della volontà dell'altro.

Questo rispetto verso l'altro, si determina nel momento in cui si smette di pensare egoisticamente e si cerca soltanto la felicità di quel nuovo essere che si desidera portare al mondo. A questo punto è necessario analizzare qualche comportamento.

---

[165] STEPTONE P. – EDWARDS R., *Birth after reimplantation of a human embryo*, Lancet 1978, 2, p. 366.

[166] La fecondazione in vitro rappresenta oggi uno dei punti di frontiera dell'etica medica, dove scienza e tecnologia da una parte e etica dall'altra si trovano in un difficile confronto.... SGRECCIA E., *Manuale di Bioetica*, Volume I, (Fondamenti ed etica biomedica), Vita e Pensiero, Milano 1999 (Seconda ristampa della terza edizione: 2003), pp. 538ss.

L'aspirazione più legittima e nobile per questo figlio desiderato è dargli una famiglia, dove lui possa crescere con tutte le cure possibili, dove i genitori siano capaci di dargli molto amore, affetto, comprensione e così garantire uno sviluppo fisico e mentale armonioso.

Nel caso di una coppia felicemente sposata e con problemi d'infertilità, la scienza dovrebbe venire in contro a questo desiderio e lasciar fare alla medicina la sua parte, ma sempre dentro della moralità e studiando caso per caso.

In questo studiare caso per caso, si deve verificare che questo desiderio legittimo di avere un figlio non si trasformi in un diritto al figlio, perché in questo momento diventa una ossessione e come ogni ossessione, una malattia, dove si vuole arrivare ad avere il figlio in qualsiasi modo e a qualsiasi prezzo.

A questo punto, si deve riflettere seriamente su cosa vuol dire, paternità responsabile nella quale i genitori non devono fare altro che guardare alla sola protezione del bene integro del proprio figlio.

I genitori non devono guardare il figlio come un diritto, perché secondo la legge l'uomo ha diritto solo sulle cose, non sulle persone e questo nuovo essere è persona umana dal concepimento.

La decisione di avere un figlio per mezzo della fecondazione artificiale ha a che vedere anche con l'etica dei fini e l'etica dei mezzi. In questo caso se nella tecnica, nel modo o nei mezzi per avere una gravidanza ci fossero dei comportamenti che sono irresponsabili, sia da parte dei genitori come del centro di fertilizzazione, allora in questo momento il figlio desiderato va contro tutte le etiche. Senza dubbio il fine è nobile ma i mezzi no, manca la corrispondenza etica fra il fine e il mezzo.

Abbiamo visto nella parte giuridica, come le leggi sulla fecondazione artificiale sono cambiate, grazie a questo, la produzione esagerata di embrioni viene controllata, ma prima la creazione di embrioni era "industriale" e per questo che adesso la società intera si trova con il gravissimo problema di gestire la vita di tanti e tanti embrioni che si trovano congelati nei diversi centri di fertilizzazione in Italia e in tutto il mondo.

La discussione etica sulla fecondazione in vitro, non soltanto si centra nella fecondazione fuori della madre, ma va oltre, come scrive la dottoressa Di Pietro:

"La semplice descrizione delle tecniche di fecondazione artificiale solleva già innumerevoli interrogativi sulla loro praticabilità, sulla reale efficacia, sul rapporto rischio-beneficio (la sindrome da iperstimolazione ovarica, le gravidanze ectopiche, le gravidanze multiple), sulle ulteriori degenerazioni (la fissione gemellare, il nucleo-transfer, la fecondazione e la gestazione interspecie, la sperimentazione sull'embrione)"[167].

Il cercare cose sempre nuove è innato nell'uomo, la scienza sempre deve andare avanti e non si deve mettere un limite; quindi, affermiamo che non possiamo bloccare la scienza, che non possiamo bloccare le tecniche di fecondazione artificiale perché sonno conquiste della scienza. Se sono conquiste a favore dell'uomo, dobbiamo sempre avere presente che non tutto ciò che è possibile fare con la scienza è lecito moralmente.

---

[167] DI PIETRO M.L. - SGRECCIA E., *Procreazione assistita e fecondazione artificiale tra scienza, bioetica e diritto*, Editrice la Scuola, Brescia 1999, p. 47.

Per mettere limiti alla scienza, si deve fare una attenta riflessione fra scienza e coscienza, perché purtroppo non sempre lo sviluppo della scienza è rispettoso della coscienza dell'individuo. Invece, se al centro della tecnologia, del progredire della tecnica e della scienza mettiamo la coscienza ci renderemo conto che tutto deve farsi a favore dell'uomo, per il suo benessere e mai per distruggerlo o denigrarlo.

Qualunque tecnica di fecondazione artificiale, che non rispetta la vita umana e la integrità dell'essere umano non può essere accettata. Quando si parla di rispetto della vita umana, si afferma che nessuna tecnica di fecondazione artificiale può produrre essere umani con la finalità di eliminarli o congelarli; e quando si parla di rispettare l'integrità dell'essere umano, vuol dire che mai gli embrioni che sono prodotti per mezzo della fecondazione assistita, possono essere oggetto di manipolazione o di sperimentazione.

L'uomo con smisurato orgoglio vuole diventare dio e così fare le sue creature. Qui si entra nel non facile discorso del modo di procreare. Dal punto di vista di quello che procrea, c'è un modo umano del procreare e dal punto di vista del procreato, ugualmente c'è una maniera naturale di essere procreato. Nel procreare entra il fare e l'agire, il figlio non è frutto di un fare ma di un agire.

Nell'agire, si mette in gioco tutto l'essere della persona, quando in filosofia si afferma che l'uomo è per quello che fa, cioè per il suo agire libero e responsabile, non facciamo altro che affermare il suo essere ontologico la quale espressione più perfetta si da nell'agire.

"*Agere sequitur esse*", questa massima filosofica, sta ad indicare che l'agire dell'uomo parla del suo essere uomo; intelligente, razionale, libero, con il potere di discernere fra le cose buone e le cattive, fra le cose che lo aiutano a crescere come uomo e quelle cose che lo denigrano e lo fanno diventare schiavo delle passioni.

Per la libertà che possiede l'uomo nell'agire, diventa al tempo stesso responsabile, perché se l'uomo non è responsabile dei suoi atti non è persona, a questo punto l'uomo diventa un essere irrazionale e il suo essere ontologico viene meno, la sua dignità di uomo si denigra, e non è più degno di chiamarsi individuo delle specie umana.

Quando nella procreazione si parla di *agere*, il risultato di questo agire non deve essere capito dal punto di vista soggettivo, perché in questo caso il prodotto non è intrinseco all'agire stesso. L'agire dell'uomo nella procreazione è un frutto; quando si parla di frutto nell'agire dell'uomo stiamo parlando dell'essere ontologico dell'uomo; qui agire, vuol dire esprimersi, relazionarsi, comportarsi, donarsi; frutto di questo atteggiamento dell'uomo non è una cosa, il frutto è un essere che è l'espressione più grande dell'amore coniugale fra due persone che dicono d'amarsi e che si sono donati reciprocamente.

Qualsiasi tecnica di fecondazione artificiale, deve fare tutto il possibile affinché la procreazione sia un atto di rispetto della dignità umana; essere consci che il modo umano di procreare è soprattutto un agire e non un fare il figlio. Nell'agire l'uomo esprime tutta la sua interiorità. Il procreare un figlio è l'incontro di due interiorità e di due volontà che si amano e che vogliono esprimere il loro volere di sposi nel frutto più bello dell'amore che è appunto il figlio. Quindi, qualunque tecnica di fecondazione artificiale, deve essere sempre un aiuto alla naturale potenzialità di procreare che l'uomo e la donna possiedono. Mai, perfino la tecnica più sviluppata deve essere sostituzione dell'atto sponsale degli sposi nella procreazione.

Si deve ricordare sempre che il nuovo essere ha diritto di nascere, e svilupparsi in un ambiente adeguato, dove viene garantita la sua sana crescita fisica, mentale e psicologica. È necessario vedere il futuro di questo neonato, di questa persona, di questo futuro cittadino e perciò l'integrità psico-sociale dell'individuo va direttamente relazionata alla figura del padre e della madre, così si garantisce una formazione adeguata nel rapporto con gli altri.

Per terminare, le tecniche di fecondazione in vitro, aprono ogni giorno la possibilità a nuove pericolose forme di manipolazione genetica e biologica degli embrioni umani. Queste tecniche non sono altro che aberranti e denigranti per la specie umana; progetti tali come la fecondazione tra gameti umani e animali, la gestazione d'embrioni umani in uteri d'animali, costruzione d'uteri artificiali per l'embrione umano. Senza dubbi, tutti questi progetti sono al cento per cento immorali e pienamente contrari alla dignità dell'essere umano.

Prima che questi denigranti progetti si mettano in pratica, devono essere denunciati e fermati perché semplicemente ledono il diritto di ogni individuo umano, di essere concepito e di nascere dentro il matrimonio e dal matrimonio, in fine anche si deve condannare l'ipotesi di ottenere essere umani senza alcuna connessione con la sessualità mediante la fissione gemellare, sia questa clonazione o partenogenesi, procedure contrarie all'etica, perché sono contrarie alla dignità della procreazione umana.

2. GIUDIZIO ETICO SULLA SPERIMENTAZIONE SU EMBRIONI SOPRANUMERARI

Come ben sappiamo, ogni sperimentazione comporta sempre la soppressione dell'embrione, soppressione che implica l'eliminazione di una vita umana. Gli scienziati difendono con maggiore insistenza la sperimentazione su embrioni sopranumerari freschi. Per superare qualsiasi obiezione di tipo morale che viene posta da qualsiasi organismo a favore della vita nel mondo, hanno fatto ricorso a discorsi filosofici e biologici che per qualsiasi intellettuale onesto diventano una offesa.

"A crucial ethical problem arises from the creation of spare embryos which may be discarded or subjected to

unethical destructive research for scientific and medical research. As we have seen, moral perfect for human embryos should take precedence over utilitarian and pragmatic considerations. The routine cryopreservation of embryos is also unethical because of its arrest of their development and its high risk to their lives. Whatever the knowledge or other benefits gained destructive embryo research in immoral: this is the response of those who hold that human life and its formative process is morally inviolable. Others favour beneficial research on embryos because human embryos are not believed to be persons"[168].

2.1. Destino degli embrioni sopranumerari

In una sessione di fecondazione artificiale non tutti gli embrioni sono utilizzati; quindi, gli embrioni sopranumerari sono quelle vite umane che sono state create per mezzo della fecondazione artificiale e che non sono stati trasferiti nell'utero materno.

Il destino degli embrioni sopranumerari può essere:

> ➢ L'utilizzo nella sperimentazione nel primo stadio di sviluppo; ciò che gli scienziati chiamano, sperimentazione con materiale biologico fresco.

---

[168] FORD N., *The Prenatal Person* (Ethical Evaluation of the Use of Embryos in Research and Clinical Practice), Blackwell Publishing, Oxford 2002, pp. 70ss.

> ➢ Se non sono utilizzati nella sperimentazione quando ancora sono freschi, gli embrioni vengono congelati.

> ➢ Se vengono congelati e scade il tempo che la legge permette che rimangano tali, questi embrioni vengono eliminati.

> ➢ Gli embrioni crioconservati vengono scongelati, quando i genitori biologici decidono di portare avanti il loro sviluppo; quindi, vengono trasferiti nell'utero della propria madre.

> ➢ Possono essere anche donati per la sperimentazione. Ciò accade quando l'embrione congelato è dichiarato abbandonato dai suoi genitori.

> ➢ L'ultimo destino, che deve diventare il primo per salvare gli embrioni congelati è l'adozione. Adozione da parte di una coppia di sposati con problemi di procreazione e così disponibile a ricevere in utero e portare avanti lo sviluppo di questo essere umano.

2.2. Sperimentazione sull'embrione umano[169]

---

[169] RONALD M., *The Human Embryo Research Debates: Bioethics in the Vortex of Controversy.*, New York: Oxford University Press, 2001, xvi, pp. 232.

"La risposta delle tecniche di fecondazione artificiale –in particolare della fecondazione in vitro e delle micromanipolazioni dei gameti- al problema "sterilità" è giunta dopo anni e anni di sperimentazione sull'embrione umano finalizzata allo stadio delle sue prime fasi di sviluppo e delle migliori modalità di coltura e trasferimento nelle vie genitali della donna. Una sperimentazione che non conosce sosta e per la quale le tecniche stesse forniscono la "materia" prima. Per l'appunto, prodotti appositamente a tale scopo o rimasti in soprannumero"[170].

La sperimentazione è una ricerca nella quale l'oggetto è l'uomo, tutto si punta sull'essere umano, sul quale si desidera verificare un effetto sconosciuto. L'effetto sull'uomo può essere: farmacologico, teratogeno o chirurgico[171].

Nessuno può negare, che l'embrione umano, ottenuto per mezzo della fecondazione artificiale è oggetto di sperimentazione. È così che per mezzo di queste tecniche, sì da, non soltanto la possibilità di manipolare la vita umana, ma anche la possibilità di strumentalizzare e sopprimere essere innocenti.

Quindi, gli embrioni per la sperimentazione possono essere creati a posta per mezzo della fecondazione in vitro e se non è così, vengono utilizzati gli embrioni che non sono stati trasferiti in utero, cioè gli embrioni che avanzano di

---

[170] DI PIETRO M. L. – SGRECCIA E., *Procreazione assistita e fecondazione artificiale (tra scienza, bioetica e diritto)*, Editrice la Scuola, Brescia 1999. pp. 91ss.
[171] CONGREGAZIONE PER LA DOTTRINA DELLA FEDE, *Istruzione sul rispetto della vita nascente e la dignità della procreazione umana*, Libreria Editrici Vaticana, Città del Vaticano 22 febbraio 1987.

una sessione di fecondazione artificiale e che ricevono il nome di embrioni sopranumerari.

Da ogni parte della società, viene condannato il fatto di creare embrioni umani esclusivamente per la sperimentazione, perché in questo caso in nessun momento si cerca il bene per l'individuo e dunque si affermare categoricamente che il creare embrioni per la sperimentazione è eticamente inconcepibile, giacché in questo caso, in nessun momento possiamo parlare di cercare la cura o il bene per quell'essere indifeso. Qui entriamo nel discorso del non terapeutico, dove si cerca, ciò che gli scienziati chiamano: "benefici medici potenziali"[172].

La sperimentazione sugli embrioni, all'inizio si centrava soprattutto nei seguenti casi:

> ➢ Approfondire delle conoscenze sulle prime fasi dello sviluppo della vita umana.

> ➢ Prove di fertilità.

> ➢ Miglioria dei terreni di coltura.

> ➢ Individuazione delle migliori condizioni per il trasferimento dell'embrione nell'utero.

---

[172] CARRASCO DE PAULA I., *Etica della ricerca biomedica: la virtù oltre l'utile. Riflessione intorno alla clonazione terapeutica*, In: «Medicina e Morale», Roma 2000; 5, pp. 869-878.

➢ Perfezionamento del meccanismo d'impianto dell'ovulo nelle pareti dell'utero.

➢ Miglioria delle procedure per il congelamento degli embrioni.

Negli anni successivi a questa prima fase della sperimentazione sull'embrione, siamo stati testimoni di un progredire gigantesco della ricerca nel campo dell'ingegneria genetica, ed è così che oggi dobbiamo tenere conto di una sperimentazione indirizzata soprattutto[173]:

➢ Alla ricerca sui meccanismi di differenziazione e in particolare sullo studio di meccanismi della morfogenesi dell'embrione umano.

➢ All'individuazione, per mezzo della diagnosi preimpianto *malattie* genetiche e alla selezione d'embrioni geneticamente sani, per poi procedere all'impianto in utero[174].

➢ Alla guarigione di malattie per mezzo di terapie geniche embrionali, sia per via somatica che germinale, per mezzo dell'inserimento nel genoma

---

[173] DICKENSON D., *Ethical issues in maternal-fetal medicine*, Cambridge University Press, 2002, pp. 37ss.
[174] SHENFIELD F. – SUREAU C., *Ethical Dilemmas in Reproduction*, The Parthenon Publishing Group, New York 2002, pp. 51ss.

dell'embrione di un gene, cioè di un frammento di DNA, che dovrebbe prevenire il manifestarsi di una malattia nel futuro. Su questo, il Comitato Nazionale per la Bioetica dice:

"*introduzione in organismi e in cellule umane di un gene, cioè di un frammento di DNA, che ha l'effetto di prevenire e/o curare una condizione patologica*"[175].

➢ Alla ricerca di nuove tecniche contraccettive e abortive soprattutto per l'incrementarsi della mentalità di non avere figli ma fare sesso e alimentare il gran commercio delle pillole, perché siano ogni giorno più sicure ed efficace.

➢ Allo studio delle grandissime proprietà delle cellule staminali d'embrioni e della possibilità di una manipolazione degli embrioni per effettuare trapianti, che possono essere eseguiti sullo stesso paziente o in un altro individuo.

La ricerca e la sperimentazione sugli embrioni ogni giorno progredisce. Lo scopo degli scienziati è portare la produzione della vita umana alla borsa di valori così entrare nel gran "business" come hanno fatto già con la produzione nella vita animale e vegetale.

---

[175] COMITATO NAZIONALE PER LA BIOETICA, *Terapia genica*, 15 febbraio 1991, Presidenza del Consiglio dei Ministri, Dipartimento per l'Informazione e l'Editoria, Roma 1991, p. 7.

Per fare un'analisi critica sulla ricerca e la sperimentazione sugli embrioni e sui feti umani, è importante avere inteso bene i termini impiegati in questo campo, perché tante volte viene adoperato un linguaggio equivoco[176].

Anzitutto dobbiamo dire che i termini ricerca e sperimentazione sono frequentemente usati in modo ambiguo, perché di solito si pensa che ricerca e sperimentazione siano due cose uguali. Quindi è doveroso fare qualche precisazione[177]:

> **Ricerca.-** Qualsiasi procedimento di induzione e di deduzione incamminato a favorire e promuovere l'osservazione sistematica di un determinato e preciso fenomeno in campo umano o anche utilizzare lo stesso processo per verificare un'ipotesi emersa da altre o precedenti osservazioni.

> **Sperimentazione.-** Qualsiasi ricerca, nella quale l'uomo nei diversi stadi del suo sviluppo, sia questo: embrione, feto, bambino, adulto e anziano, rappresenta l'oggetto diretto mediante il quale o sul quale s'intende verificare un determinato effetto, effetto il quale può essere

[176] DI PIETRO M.L. – FIORE A., *Manipolazioni lessicale e semantiche in bioetica*, In: ZANINELLI S., *Scienza, tecnica e rispetto dell'uomo*, Vita e Pensiero, Milano 2001, pp. 123-142.
[177] SGRECCIA E., *Manuale di Bioetica*, Volume I, (Fondamenti ed etica biomedica), Vita e Pensiero, Milano 1999 (Seconda ristampa della terza edizione: 2003), pp. 653-672.

conosciuto o sconosciuto o ancora non ben preciso di una certa terapia, terapia che può essere nel campo della farmacologia o della chirurgia.

Secondo questa precisazione, la ricerca medica per non violentare il suo scopo, deve astenersi da interventi sugli embrioni vivi. Perché nel momento in cui il ricercatore medico lede l'integrità dell'embrione o del feto, denigra la sua professione e mette in pericolo la vita fisica del nascituro e la vita fisica e psicologica della madre.

Si deve considerare anche che per qualsiasi intervento anche se ben sia soltanto per una semplice osservazione, il medico deve avere il consenso libero e informato dei genitori, altrimenti questa semplice osservazione o intervento sull'integrità di questo nuovo essere, diventerebbe una sperimentazione a titolo pieno.

Gli scienziati con il proposito di avere via libera per la sperimentazione su essere vivi hanno fatto tutto il possibile per autogiustificare i loro punti di vista e hanno spinto a promuovere leggi (come quella sull'aborto) e normative a favore del argomento:

"Da parte di alcuni giuristi si sostiene che tale statuto giuridico dell'embrione, dopo che le legislazioni abortiste hanno legittimato la sua soppressione. Bisogna riconoscere che la legalizzazione dell'aborto ha certamente rappresentato uno fra i più gravi affronti alla dignità dell'uomo ed alla legittimità stessa della legge; ma bisogna

anche aggiungere che nel caso della sperimentazione embrionale le cose si peggiorano ancora"[178].

Gli scienziati e altri uomini di scienza come filosofi e giuristi che sono d'accordo con la sperimentazione, soprattutto nelle prime fasi della vita dell'embrione in particolare prima dell'annidamento, cercano di essere il più possibile logici nelle loro argomentazioni; a questo proposito è stato inventato il termine di pre-embrione[179], termine che persino per loro è difficile dargli un posto tra morula, blastula, embrione e feto; termine antirazionale per un essere umano che possiede sin dal inizio la sua identità umana definita (come stato detto nel capitolo precedente).

Nella sperimentazione si devono fare due distinzioni fondamentali:

> ➢ Prima distinzione è quella generale che corrisponde alla sperimentazione con finalità terapeutica e non direttamente terapeutica,

> ➢ Seconda distinzione è quella fra sperimentazione attuata sugli embrioni ancora vivi e la sperimentazione su embrioni morti.

---

[178] SGRECCIA E., *Piccolo, infinitesimo uomo*, In "Avvenire", 17 luglio 1984, p. 16.
[179] MCLAREN A., *Prelude to embryogenesis,* In: The CIBA Foundation, *Human Embryo Research: yes or no?* Tavistock, London 1986, pp. 5-23.

La sperimentazione diventa illecita quando si fa con embrioni vivi, perché esso deve essere rispettato come qualsiasi altro essere umano e come tutte le persone umane; proprio per questo non può essere strumentalizzato, nel senso di essere usato per la ricerca o la sperimentazione scientifica o nel caso del feto, per prelievo d'organi e di tessuti. Ancora più grave sarebbe il mantenere artificialmente in vita un feto abortito con il preciso scopo di usarlo per la sperimentazione scientifica, questo sarebbe una pratica aberrante, priva di qualsiasi principio d'umanità.

"L'apposita produzione di embrioni con fini sperimentali non può essere accettata per evidenti motivi. Ripugna la prospettiva di dare inizio a vite umane che in partenza sono state condannate alla vivisezione e alla morte. Non è ammissibile il prelievo di organi e tessuti dai condannati alla pena capitale, almeno senza il loro preventivo e liberissimo consenso; ancora meno possiamo ammettere che nessuno giochi con la vita e la morte"[180].

I gesti liberi della persona umana, non vengono cambiati dalle circostanze reali dell'impossibilità a sopravvivere, come neppure la certezza imminente della morte, è semplicemente un atto libero dell'uomo indirizzato a strumentalizzare un essere umano e dunque, è vero che la moralità non può trascurare, al di là della struttura ontologica dell'azione, le circostanze dell'attuare di ogni singolo uomo, però si deve avere chiaro che si

---

[180] CARRASCO DE PAULA I., *Il dilemma degli embrioni umani come soggetti di sperimentazione*, In: ZANINELLI S., *Scienza, tecnica e rispetto dell'uomo*, Vita e Pensiero, Milano 2001, p. 119.

definisce primariamente dall'oggetto dell'attuare stesso, visto che l'essere umano è fine a se stesso, ma mai mezzo.

Nessuna finalità, per nobile che sia, come ad esempio un'utilità per la scienza, per altri essere umani o per la società, può in alcuna maniera giustificare la sperimentazione sugli embrioni o feti umani vivi, vitali e non, sia che questi si trovino dentro o fuori del seno materno.

2.3. Perché sperimentare negli embrioni entro i primi 14 giorni?

"Secondo il Rapporto Warnock, invece, si potrebbe disporre dell'embrione umano per fini sperimentali fino al 14° giorno dopo il concepimento, lasciando chiaramente intendere che fino a tale data non è riconosciuto il carattere umano dell'embrione o che comunque esso è subordinato alla vita dell'adulto. Il periodo di 14 giorni è stato proposto per la prima volta nel 1979 dall'Ethics Advisory Board (DHEW), negli Stati Uniti, che lo ha motivato con il fatto che il 14° giorno corrisponde al completamento dell'impianto.

Nel 1984 la commissione Waller in Australia ha ripetuto "non più di 14 giorni", perché dopo questo stadio si forma la linea primitiva e la differenziazione dell'embrione è evidente.

Il Comitato Warnock o, per meglio dire, una parte del gruppo di studio, ha quindi confermato questa data che corrisponderebbe anche al tempo di formazione della linea primitiva e, nel contempo, di inizio dello sviluppo individuale dell'embrione.

La MacLaren, membro del Comitato Warnock, ha affermato in un suo articolo: «Il punto in cui cominciai ad essere individuo umano totale completo fu allo stadio di stria primitiva, la formazione dell'embrione». La comparsa della linea primitiva indicherebbe che le cellule destinate a costituire l'embrione vero e proprio si sono ormai differenziate dalle cellule che formeranno invece i tessuti placentari e protettivi. Lo sviluppo embrionale fino al 14° giorno sarebbe, dunque, secondo la MacLaren, «un periodo di preparazione, durante il quale vengono elaborati tutti i sistemi protettivi e nutritivi richiesti per sostenere il futuro dell'embrione»; e soltanto «quando i sistemi di supporto sono stabiliti, può incominciare a svilupparsi l'embrione come entità individuale»[181].

Il limite cronologico, cioè i quattordici giorni, entro il quale sarebbe eticamente lecito sperimentare sull'embrione umano, è una proposta priva di fondamento scientifico, senza dubbio un espediente dialettico che ha un solo fine, che è appunto quello di permettere la sperimentazione sull'embrione umano, superato questo piccolo limite etico la dignità dell'essere umano viene calpestata, la natura di individuo umano irripetibile che l'embrione possiede sin dal momento del concepimento viene violentata.

Gli elementi di giudizio a fin che si dia la sperimentazione sull'embrione, entro il 14° giorno sono fondamentalmente:

> ➢ Perché prima del quattordicesimo giorno ancora non è completo l'impianto in utero, quindi può avvenire un aborto spontaneo;

---

[181] SGRECCIA E., *Manuale di Bioetica*, Volume I, (Fondamenti ed etica biomedica), Vita e Pensiero, Milano 1999 (Seconda ristampa della terza edizione: 2003), p. 446.

> Le cellule embrionali perdono la cosiddetta "totipotenzialità" dopo il quattordicesimo giorno, da qui ogni cellula si differenzia e passa a formare parte dei differenti organi;

> Intorno al 14° giorno è visibile già nell'embrione la cosiddetta "stria primitiva", considerata come "il segno" di un "nuovo" soggetto umano, mentre prima di questo è un semplice sacco di cellule e sangue;

> Infine, dopo il 14° giorno finisce la possibilità che da un unico embrione si formino gemelli monozigoti.

Queste argomentazioni sono incerte e arbitrarie dal punto di vista biologico e sul piano filosofico; per questo non permettono né consentono di trarre conclusioni di liceità etica per arrivare a dire, sì alla sperimentazione sugli embrioni entro i primi 14° giorni di sviluppo.

Come abbiamo visto nel capitolo precedente, l'embrione dal primo momento reca in sé un genoma, il quale è irripetibile, diverso nella sua globalità, di qualsiasi altro essere umano esistito o da esistere, questo nuovo essere è persino diverso dal fratellino gemello monozigotico il quale si forma nei primi giorni dello sviluppo. La cosiddetta stria primitiva è gia formata geneticamente verso il 7-8 giorno e la possibile gemellarità non è altro che la produzione di altri esseri umani, quasi uguali ma non identici per cui eliminando il primo embrione implicitamente si ostacola la nascita di altri individui.

Lo stesso *Comitato Warnock* riconosce che:

"una volta che il processo di sviluppo è iniziato, non c'è stadio particolare del processo di sviluppo che sia più importante di un altro; tutti sono parte di un processo continuo e se ciascun stadio non ha luogo normalmente, al tempo giusto e nella sequenza esatta, lo sviluppo ulteriore cessa..., biologicamente non è possibile identificare un singolo stadio nello sviluppo dell'embrione oltre il quale un embrione in vitro non dovrebbe essere tenuto in vita"[182].

Però, se ben il documento afferma questo; infondo adotta una posizione molto permissiva, dando così luce verde agli scienziati per la sperimentazione sugli embrioni appena formati.

Anche in altri documenti, il 14° giorno è stato indicato come data di inizio della vita umana, nella quale l'embrione poteva già essere considerato come un individuo appartenente alla specie umana. Per esempio, abbiamo la Sentenza sull'aborto della Corte Federale Tedesca del 1975, in questo documento si fa riferimento al 14° giorno come il momento in cui si da l'accertamento della gravidanza e dove la donna può rendersi conto della sua gravidanza per una serie di sintomi, siano questi soggettivi e oggettivi. Un altro documento su questo argomento è l'Ethics Advisory Board degli Stati Uniti del 1979; e la Commissione Walzer dello Stato del Victoria

---

[182] WARNOCK M., *A question of life*, Basil Blackwell, Oxford 1984, cap. 11, pp.58-69.

(Australia) del 1984. Tutti questi documenti hanno indicato il 14° giorno come termine ultimo per sperimentare sull'embrione, termine che anni più tardi hanno ripreso le leggi di alcuni paesi come la Spagna, l'Inghilterra, la Svezia, ecc, per prendere decisioni sulla fecondazione artificiale.

Quando non si desidera fare le cose con onestà e quando ci sono interessi propri, persino la regola della linguistica si oppone, ed è appunto ciò che è successo con il termine pre-embrione. Perché l'etica inizia dalla linguistica, dalla semantica, cioè dal capire e dal farsi capire; come scrive sul tema Sirtori:

"se vogliamo salvare la moralità di una ricerca sull'embrione umano, basterà che noi scindiamo la vita dell'embrione in due parti: la prima della durata di 14° giorni, in cui l'embrione non ha preso aderenza con l'utero (e perciò viene chiamato pre-embrione), la seconda che inizia dopo il 14° giorno ed ha diritto ad essere chiamato embrione. Con questo espediente semantico e tuttavia basato sulla obiettività undici centri di ricerca in Inghilterra hanno ottenuto la licenza di sperimentare su embrioni umani, ed altri dodici centri analoghi si presume entreranno in funzione sempre in Inghilterra"[183].

2.4. Perché si produce embrioni esclusivamente per la sperimentazione?

Ci sono ricercatori che si sentono in diritto di chiedere, il poter sperimentare non soltanto sugli embrioni in sopranumero, ma su embrioni umani creati

---

[183] SIRTORI C., *Etica e scienza*, In: "Diario Medico", 42 (30 dicembre 1985), p. 2.

appositamente per la sperimentazione. Il motivo di questa pressante richiesta è semplicemente il poter disporre di una quantità maggiore di materiale biologico fresco, evitando così utilizzare materiale contaminato dello scongelamento di embrioni sopranumerari.

Da tutte le parti sono arrivate proteste, soprattutto da parte di movimenti a favore della vita e da parti della società sensibili al diritto degli embrioni, da gruppi sociali tante volte rappresentati da movimenti politici.

Davanti all'opposizione, tale pratica è stata tradotta in divieti espressi da organismi internazionali e nazionali. Ma il divieto a creare embrioni espressamente per la sperimentazione ha portato ad utilizzare per tali fini gli embrioni chiamati abbandonati, cioè quegli embrioni che sono stati creati in una sessione di fecondazione in vitro e poi congelati, perché non sono stati trasferiti nell'utero materno e dunque avanzano o i genitori non li desiderano più e si oppongono alla donazione.

Nella stessa situazione si trovano gli embrioni freschi o crioconservati che non sono adatti al trasferimento in utero o che vengono giudicati non viabili. Questi anche come i primi sono richiesti dai ricercatori per la sperimentazione.

2.5. Condizioni per l'utilizzo nella sperimentazione degli embrioni abbandonati

La sorte degli embrioni abbandonati certamente è causa di non poche preoccupazioni. Questi embrioni, sia perché sono stati abbandonati dai loro genitori o perché non compiono le "norme" per il trapianto in utero, non può essere la causa sufficiente per permettere che possano essere utilizzati nella sperimentazione. Il dimostrare che l'embrione è inadatto all'impianto significa che non ha diritto alla vita e che non deve essere rispettato come individuo della specie umana.

In questo caso la sperimentazione implica la morte di questo essere indifeso e abbandonato; quindi, è un crimine e la sperimentazione diventa illecita.

Il sì alla sperimentazione sugli embrioni, con una eventuale perdita di vitalità, comporterebbe l'assenza di interesse da parte degli scienziati semplicemente per la loro situazione, i quali non a caso cercano sempre di poter disporre di materiale biologico fresco, vivo, in buone condizioni e abbondante.

Dobbiamo ritenere sempre e comunque che eticamente è inaccettabile, sia la creazione di embrioni umani per utilizzarli nella sperimentazione, sia ogni forma di sperimentazione su embrioni umani soprannumerari in "stato di abbandono" o giudicati non adeguati al trasferimento nell'apparato riproduttivo della donna.

3. GIUDIZIO ETICO SUL CONGELAMENTO DEGLI EMBRIONI

"The legal, ethical and religious aspects associated whit embryo freezing have been discussed extensively, and in some countries legislation has been passed to regulate the practice. It has been argued that cry preservation of embryos threatens their dignity as human beings, or potential human beings. However, the alternative is usually disposal, and thus the embryo is denied any opportunity for implantation. Survival rates for frozen embryos can be in excess of 75%, and the use of frozen embryos significantly enhances the birth rate from IVF, implantation rates per thawed embryo should be similar to those of fresh embryos in the best programs. Previously, many IVF programs did not offer embryo freezing; but many consider it unethical not to offer embryo freezing in terms of the possible waste of embryos.

In all European counties, couples must give their consent to storage and use of embryos. In some countries, frozen embryos may be donated to other couples or used in research projects, with the couple's consent. The legal status of the cry preserved embryo is difficult to establish if it is considerer to be a person, or even a potential person. In most countries it has no legal status. There is some suggestion that the embryo may be property, but this is inconsistent with the concept of personhood. Consequently, there remains the legal question of the right to use, dispose of, sell or purchase embryos[184].

Il frutto "indesiderabile" di qualsiasi tecnica di procreazione artificiale, sono gli embrioni sopranumerari.

Effetto più evidente e più drammatico è la grande quantità di esseri umani che devono essere "fabbricati" e sacrificati per poterne tenere soltanto uno in braccio.

Gli embrioni che superano il "test di qualità", vengono inseriti nell'utero materno dove saranno costretti a gareggiare, perché solo uno sarà il figlio desiderato. Gli altri bambini sani devono aspettare, rimangono di scorta, con la segreta speranza che quella non sia stata l'ultima gara.

Per aspettare (attesa che può durare parecchi anni, tutto dipende delle leggi dei diversi paesi)[185], è riservato un posto speciale, il frigorifero.

---

[184] AVERY S. and BRINSDEN P., *Embryo cryopreservation: legal and ethical aspects*, In: DE JORGE C. - BARRATT C., *Assisted Reproductive Technology*, Cambridge University Press, Cambridge 2002, p. 409.
[185] AVERY S. - BRINSDEN P., *Cryopreservation of gametes and embryos: legal and ethical aspects*, In: DE JONGE C. - BARRATT C.,

Quel che pochi anni fa sembrava solo fantascienza, si è drammaticamente avverato: bambini ibernati nell'attesa di nascere, nell'attesa che qualcuno faccia qualcosa per tirarli fuori del freddo.

Esseri umani privati dei suoi diritti, selezionati in base alla possibilità di servirsene, estraniati dal mondo. Nascosti al mondo, senza nessuna possibilità di comunicare con esso, senza via di scampo se non per l'utilità dei propri carcerieri.

In alcuni paesi come per esempio in Olanda, la legge prevede che dopo cinque anni siano distrutti, poiché non sono più considerati idonei ad essere impiantati in utero materno, bambini troppo vecchi e quindi pericolosi per il trasferimento[186]. Non essendo più sicuro o vantaggioso tentare di fargli nascere, si preferisce ucciderli, così liberano un posto nel frigorifero, posto che costa un bel po' di euro all'anno.

Dobbiamo dire, in onore alla verità, che poco o nulla si sa degli effetti di un lungo congelamento e di quanto possano sopravvivere gli embrioni umani congelati[187]. Certamente ogni giorno vengono impiegate nuove tecnologie sia per congelare che per scongelare, ma

---

Assisted Reproductive Technology, Cambridge University Press, Cambridge 2002, pp. 408-414.

[186] SCHENKER J., *Assisted reproduction practice in Europe: legal and ethical aspects*, Human Reproduction *Update*, 1997; 3, pp. 173-184.

[187] AVERY S. – MARCUS S. - SPILLANE S. – MACNAMEE M.C. – BRINSDEN P., *Does the length of storage time affect the outcome of frozen embryo replacement?*, Journal of Assisted Reproduction and Genetics, 1995; 12 (Suppl.), pp. 76ss.

solamente scongelandogli si può sapere se sono ancora vivi e pronti per essere trasferite in utero[188].

Per capire meglio tutti i meccanismi del congelamento dobbiamo avere chiari i termini che vengono adoperati. In un primo momento abbiamo i termini "crio-preservazione" e "crio-conservazione", questi termini non sono altro che eufemismi, in effetti, con queste procedure si ritarda arbitrariamente la gestazione dell'embrione per arrivare alla decisione di un posteriore impianto in utero, ma si porta anche alla morte gran parte degli embrioni in sopranumero congelati.

La procedura implica, il congelamento con azoto liquido ad una temperatura superiore ai 190° sotto lo zero per fermare lo sviluppo, poiché la bassa temperatura nell'embrione umano ferma i movimenti degli atomi e delle molecole[189].

Dal punto di vista fisico e morfologico questo non è altro che l'opposto di "creare", parola che significa: alimentare, nutrire, svilupparsi, dare educazione; il creare implica sempre un dinamismo, al contrario congelare non è altro che fermare il movimento di tutto il sistema.

Ancor di più sbagliati sono i termini "conservazione" e "preservazione". Il loro erroneo utilizzo lo possiamo vedere nel momento in cui controlliamo gli indicatori di sopravivenza di questa abusiva avventura alla quale sono stati sottoposti gli embrioni umani.

---

[188] LEE R.G. – MORGAN D., *Human Fertilisation and Embryology. Regulating the reproductive Revolution*, London: Blackstone, 2001.

[189] POST S., *Encyclopedia of Bioethics*, Thomson Gale, 3rd. Edition, V. 4, New York 20004, pp. 2264ss.

Uno studio fatto in Belgio ci riferisce che di 2.200 embrioni congelati, sono sopravissuti al processo di scongelamento solo 725, da questi, una volta impiantati in utero materno, ne nacquero 52; questo vuol dire che nello scongelamento ne sono stati persi il 60%, sono sopravissuti alla tecnica soltanto il 32%. Il tasso di quelli che sono nati vivi è del 7% al 2.36% della popolazione iniziale, quindi vuol dire che sono stati persi il 98% di tutti quelli che sono stati sottoposti alla tecnica di congelamento e scongelamento[190].

Chi assolutamente crede, che questi esseri sono persone umane, appartenenti alla nostra specie, non può rimanere indifferente alla loro condizione e alla loro sorte.

Gli scienziati stanno facendo tutto il possibile, affinché la legge, dia il via libera alla sperimentazione sugli embrioni congelati, così avranno materiale a non finire per la loro manipolazione sull'essere umano. Sembra che stiamo assistendo in questi giorni all'insurrezione degli scienziati che, in tempi di scarse finanze, vedrebbero semplificate le loro ricerche con l'utilizzo di questi bambini.

Secondo alcuni, con la legalizzazione della sperimentazione sugli embrioni congelati, si tenta di dare anche una giustificazione etica dicendo che almeno la loro vita e il loro sacrificio non sono stati inutili, ancor di più avranno contribuito al benessere della società e alla cura di tanti sofferenti, che patiscono malattie, le quali possono essere guarite, impiegando le grandi risorse degli embrioni.

Dobbiamo dire che la sterilità è una malattia e come ogni malattia va curata, ma quando questa risulta incurabile, non resta altro che accettare la realtà. La coppia

---

[190] Van del Elst J., *Fertil Steril*, Centro di Medicina Riproduttiva, Scuola di Medicina e Ospedale Universitario, Belgio 1995.

deve capire che non è l'unica malattia incurabile e neppure la peggiore e che se una coppia sposata è sterile e sente il grande desiderio di essere genitore ed è disponibile ad accogliere un figlio, si interroghi sulla possibilità di essere famiglia per uno dei tanti bambini abbandonati in attesa di un papà e di una mamma.

La crioconservazione degli embrioni, pur garantendo una conservazione in vita, costituisce, un'offesa al rispetto dovuto agli esseri componenti il genere umano, in quanto il congelamento li espone a gravi rischi di morte o di danno per la loro integrità fisica.

Questa offesa non rimane soltanto li; a questo nuovo essere umano lo pone, in una situazione suscettibile d'ulteriori offese e di manipolazioni e li priva almeno temporaneamente dell'accoglienza e della gestazione materna e del loro sviluppo e in fine li priva di vedere la luce di questo mondo alla quale ogni essere umano concepito ha diritto.

Le manipolazioni sulla vita nascente ogni giorno è più crudele, alcuni interventi sul patrimonio cromosomico o genetico non sono per niente terapeutici, ma mirano soltanto alla produzione di esseri umani selezionati secondo il sesso o altre qualità prestabilite[191]. Certamente queste manipolazioni sono contrarie alla dignità personale dell'essere umano, contrarie alla sua integrità e alla sua identità personale.

---

[191] SIMPSON J. – CARSON S., *Sex determination following embryo biopsy*, In: DE JONGE C. – BARRATT C., *Assisted Reproductive Technology*, Cambridge University Press, Cambridge 2002, pp. 384-396; Sul tema vedere anche: HEMMINKI E., *Ethical and social aspects of evaluating fetal screening*, In: DICKENSON D., *Ethical issues in maternal-fetal medicine*, Cambridge University Press, Cambridge 2002, pp. 183-194.

Perciò, si deve affermare categoricamente, che tutte queste tecniche di manipolazioni, non possono essere in alcun modo giustificate in vista di una possibile conseguenza benefica per il futuro dell'umanità.

CAPITOLO QUINTO

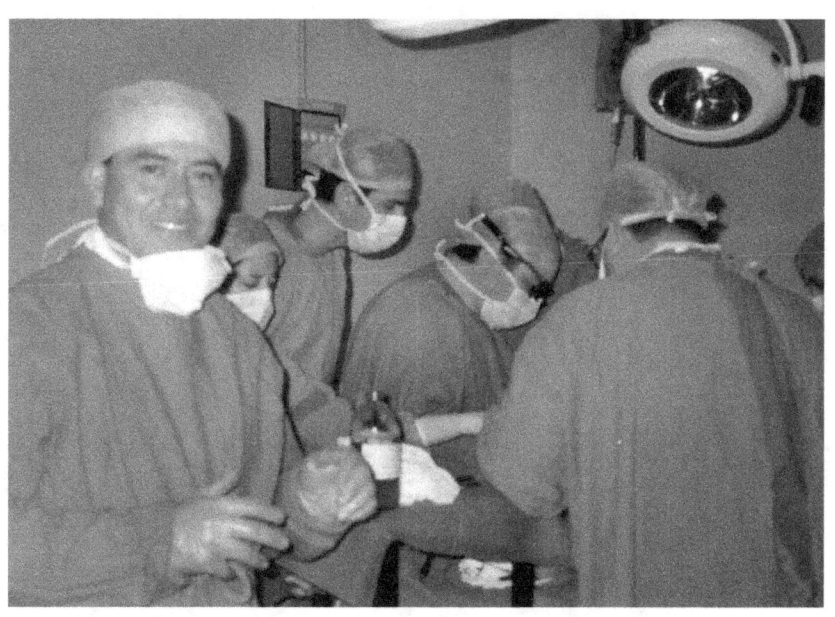

ADOZIONE DEGLI EMBRIONI
CRIOCONSERVATI

In questo quinto capitolo, si cercherà di riflettere per vedere se l'adozione prenatale sia la via più giusta per salvare gli embrioni crioconservati, frutto dello "sviluppo" della scienza e della tecnologia, prima che siano distrutti dalle leggi ingiuste.

"Nell'estate del 1996 poco meno di 4.000 embrioni umani conservati da cinque anni sotto azoto liquido a 196 gradi sottozero furono distrutti in Gran Bretagna. Era la prima applicazione dell'art. 14 della legge sulla fecondazione umana e l'embriologia del 1990 (Humane Fertilization and Embriology Act 1990) secondo il quale «il periodo di conservazione stabilito per legge per quanto riguarda gli embrioni non deve superare i cinque anni».

In Italia un centinaio di giovani donne vicine al movimento per la vita avevano sottoscritto un appello rivolto alle autorità inglesi: piuttosto che distruggere quei piccolissimi figli dateli a noi: siamo pronte ad accettarne il trasferimento nel nostro corpo e ad allevarli, insomma, ad adottarli perché essi vivano. Tale appello non era motivato dal desiderio di avere un figlio ad ogni costo. Quelle che lo sottoscrissero erano contrarie in nome dei diritti del bambino alla fecondazione eterologa, anzi, alla fecondazione artificiale in genere, ma, proprio in nome del diritto alla vita e alla famiglia del concepito erano disposte a cambiare il loro programma di vita e ad accettare una gravidanza gravosa, problemática, imprevista"[192].

Soltanto in Italia nei centri di fecondazione assistita gli embrioni orfani sono circa 30.000, ormai abbandonati dalle coppie.

In tutti i paesi che hanno embrioni congelati si sta cercando di promulgare leggi che aiutino a regolare l'utilizzazione nel campo degli esperimenti di cellule staminali embrionali.

Per ora, il destino di tutti questi esseri umani abbandonati resta incerto e nelle mani dei legislatori chiamati a salvare queste vite così fragili[193].

Il pericolo di distruzione, e quindi di morte imminente, si trova nei paesi dove, per legge, gli embrioni congelati devono essere distrutti come segnalava la citazione precedente; o altrimenti utilizzati nella sperimentazione[194].

---

[192] CASINI C. *Abbandono di embrioni umani e adozione*, In supplemento Si alla Vita, Mensile del Movimento per la vita Italiano, n. 4, aprile 1999, p. 2.

[193] BERKMAN JOHN, *Case Study: Gestating an Abandoned Embryo*, The National Catholic Bioethics Quarterly, Summer 2003, p. 315ss.

[194] However, during the latter part of the twentieth century the issues arising from research involving in vitro fertilized embryos became sharply distinguished from issues in research with

Certamente, prima che questo avvenga sarebbe opportuno darli in adozione, piuttosto che ucciderli. Ma, per poter scegliere la vita, cioè, per cercare di farsi che questi essere umani vedano la luce di questo mondo, è necessario che certi concetti siano ben compressi.

Una volta che l'ovulo femminile e lo spermatozoo si sono uniti, inizia un processo che si sviluppa seguendo un programma già stabilito dalla stessa natura, attraverso stadi diversi[195] (come stato studiato nel capitolo terzo "identità e statuto dell'embrione umano"):

➢ Embrione

➢ Feto

➢ Neonato

➢ Il processo finirà con la morte dell'adulto

---

already-implanted foetuses. Moreover, new technologies such as the development of embryonic stem cell and the possibility of human cloning raised new ethical concerns in relation to research involving human embryos. POST S., *Encyclopaedia of Bioethics*, Thomson Gale, 3rd Edition, volume 2, New York 2004, pp. 712ss; HOWARD HUGHES MEDICAL INSTITUTE, "*A global Struggle to Deal with Human ES Cells*", Sidebar in: *Are Stem Cells the Answer?* Howard Hughes Medical Institute Bulletin, March 2002, pp. 10-17.

[195] SGRECCIA E., *Manuale di Bioetica (Il neoconcepito alla luce della genetica e della biologia umana)*, Volume I, Vita e Pensiero, Milano 1999 (Seconda ristampa della terza edizione: 2003), pp. 440ss.

Questo processo dal punto di vista fisico-biologico è semplicemente l'evento della vita; la vita di un organismo che inizia con l'unione delle due cellule fino alla sua scomparsa spazio-temporale, cioè, quando non occupa più uno spazio in questo mondo e non esiste più nel tempo. Si dice che era una vita umana perché dall'inizio alla fine ha avuto tutte le caratteristiche d'uomo appartenente al genere umano.

Quindi questo nuovo e irrepetibile individuo, anche dal punto di vista della prospettiva vitale, è già definito; è un organismo autonomo sia rispetto al padre che alla madre; perciò, dal punto vista biologico, bisogna riconoscere che esso, come organismo umano vivente ha una continuità di vita dal momento del concepimento fino al momento della morte; non ci sono delle interruzioni in mezzo e neppure salti di qualità, semplicemente è un essere umano con tutti i suoi diritti.

Interrompere questo processo, in qualunque momento, significa dire no alla vita e il problema emerge quando si vuole utilizzare questo organismo vivente nelle sue fasi iniziali per scopi ben diversi dalla sua vita.

Nell'ambito scientifico-filosofico esiste una seria confusione sul termine "persona", termine che è stato messo in discussione da un'altro termine, il "pre-embrione" e le rispettive giustificazioni filosofiche e scientifiche per dimostrare che l'embrione prima delle due settimane non è una persona; per quello che è stato detto nei precedenti capitoli, sono ben conosciute le risposte a questa problematica e per non cadere in vane dispute, sarebbe meglio adoperare il termine "organismo umano", perché nessuno può mettere in discussione che questo insieme di cellule sia un organismo umano dall'incontro dei gameti fino alla morte.

In questo capitolo si argomenteranno le ragioni del perché l'adozione di questi embrioni abbandonati nel freddo e quindi del trasferimento in utero materno sarebbe da ritenere la cosa più giusta. Senza dimenticare gli aspetti etici, sociali, giuridici e psicologici, sia per il bambino che per i genitori che decidono accettarlo.

1. PERCHÉ SALVARE GLI EMBRIONI CRIOCONSERVATI?

Per giustificare coerentemente la necessità e l'urgenza di salvare gli embrioni congelati, necessariamente dobbiamo ricordare che il frutto dell'unione dei due gameti è una cellula la quale, a sua volta, continua a riprodursi.

Questa struttura organizzata di cellule soddisfa tutte le caratteristiche della vita, perché ognuna d'esse cellule compie una determinata funzione, guidata dal centro organizzatore chiamato genoma umano. È questo centro organizzatore il fondamento della coordinazione, della continuità e della gradualità dell'essere umano nei primissimi momenti di vita.

> ➢ La coordinazione.- lo sviluppo embrionale, dalla fusione dei gameti, o

singamia, sino alla comparsa del disco embrionale, a 14 giorni circa e oltre è un processo che manifesta una coordinata sequenza e interazione di attività molecolari e cellulari.

> La continuità.- la formazione dello zigote è il vero inizio del proprio ciclo vitale. Se si considera il profilo dinamico di questo ciclo nel tempo, appare chiaramente che procede senza interruzioni. Tutto indica che c'è un'interrotta e progressiva differenziazione di un ben determinato individuo umano.

> La gradualità.- la forma finale deve essere raggiunta gradualmente. Questa è una legge ontogenetica, una costante del processo di riproduzione gamica. Essa implica ed esige una regolazione che deve essere intrinseca a ogni dato embrione e mantiene lo sviluppo permanentemente orientato dallo stadio di zigote fino alla forma finale e perciò l'embrione umano mantiene permanentemente la sua propria identità, individualità e unicità, rimanendo ininterrottamente lo stesso identico individuo durante tutto il processo dello sviluppo, dalla singamia in poi, nonostante la crescente complessità della sua totalità.

La logica induzione dei dati offerti dalle scienze sperimentali conducono alla sola possibile affermazione che alla fusione dei due gameti un reale individuo umano inizia la sua propria esistenza, o ciclo vitale, durante il quale, date tutte le condizioni necessarie e sufficienti, realizzerà autonomamente tutte le potenzialità di essere vivente biologico e ontologicamente parlando[196].

Ma, si deve ricordare anche, che, quando si parla di statuto ontologico, stiamo parlando dell'essere e quindi dobbiamo domandarci:

> ➢ L'embrione umano che essere è?

> ➢ È, senza dubbio, lo stesso essere che noi riconosciamo nel neonato, nel bambino, nel giovane ecc.?

> ➢ Forse, quando parliamo dell'essere dell'embrione umano, stiamo parlando dello stesso essere umano che noi, senza fare tanta fatica, riconosciamo ad un uomo adulto?

Domande molto importanti e discusse nei nostri giorni, soprattutto nel momento in cui, vogliamo affermare il rispetto verso l'embrione umano.

"L'embrione vivente, ad iniziare dalla fusione dei gameti, non è un mero accumulo di cellule disponibile, ma un reale individuo umano in sviluppo. Questa, ritengo, è la sola

---

[196] SERRA A., *L'uomo – embrione, la vita si eredita*, Edizioni Cantagalli, Siena – Marzo 2003, pp. 42-44.

conclusione logica sulla base dei dati disponibili. Ovviamente possono esserci delle obiezioni. Ma, in una sana logica, le obiezioni non distruggono una verità rigorosamente stabilita. Questa inevitabilmente breve presentazione ha cercato di rispondere alle due obiezioni più rilevanti dal punto di vista biologico. La prima che riduce l'embrione umano precoce a una massa di cellule geneticamente umane, proprio come una colonia di cellule in vitro; la seconda, che ritiene esplicitamente che l'individuo umano incomincia ad essere presente quando si è formato il disco embrionale, approssimativamente 15 giorni dopo la fertilizzazione, successivamente a uno stadio di sviluppo preumano.

La presente conclusione, che mantiene tutta la sua validità e forze anche di fronte a tutte le altre obiezioni, ha ovviamente le sue conseguenze ai livelli scientifico, tecnologico, medico, sociale, giuridico e politico. In particolare, evidenti aspetti etici sono inevitabilmente implicati in molte nuove linee di ricerca e pratica medica, il cui oggetto e soggetto -rispettivamente- sono gli embrioni umani"[197].

Nel cercare di dare risposta a queste importanti domande sull'embrione umano, le proposte vengono sia del mondo religioso come da quello laico:

> ➤ Proposte del mondo religioso:
>   - S. Congregazione per la Dottrina della Fede, Dichiarazione *De aborto procurato* (1974) n. 13.
>   - *Donum Vitae (1988)* I, 1.

---

[197] SERRA A., *L'uomo – embrione*, Edizioni Cantagalli, Siena – Marzo 2003, pp. 49ss.

- Giovanni Paolo II, Lettera Enciclica *Evangelium Vitae* (1995) n. 60

➢ Proposte del mondo non religioso:
- Department of Hearth and Social Security, *Report of the Committee of Inquiry into Human Fertilization and Embriology*, Her Majesty's Stationery Office, London, 1984 (Trad. It., introduzione di D. Tettamanzi: Rapporto Warnock, *Quali frontiere per la vita?* Avvenire, Milano, 1985).

Il mondo laico, seguendo i suoi propri principi e scegliendo la via utilitaristica, all'embrione umano da un valore strumentale, guardando agli interessi propri degli scienziati, come ad esempio dalla ricerca scientifica agli interessi della coppia che desidera avere un figlio a qualsiasi prezzo e infine, agli interessi del futuro bambino, cercando, in questo caso, di farlo venire al mondo il più "perfetto" possibile, per cui la manipolazione genetica, l'analisi preimpianto e la diagnosi prenatale è lecita[198].

Per esprimere giudizi equi, è importante considerare il rapporto tra l'essere dello statuto ontologico e lo statuto biologico, con tutte le caratteristiche e proprietà biologiche fin dal concepimento:

---

[198] IGLESIAS T., *IVF and Justice: Moral, Social and Legal Issues related to Human in vitro Fertilization*, The Linacre Centre, London, 1990, pp. 88-89; FORD N. S.D.B., "The Human Embryo as Person in Catholic Teaching", The National Catholic Bioethics Quarterly 1.2 Summer 2001, p. 156.

"Certamente l'embrione umano è un essere del quale, come in tutte le sostanze viventi, il principio dello sviluppo e del mutamento è interno alla sostanza stessa. È proprio questo principio interno che determina lo sviluppo dell'embrione, non invece quello di un essere esterno, per esempio quello della madre.

È allora equivoca e fuorviante l'espressione secondo cui l'embrione è un uomo in potenza: l'embrione è in potenza un bambino, o un adulto, o un vecchio, ma non è in potenza un individuo umano. Questo lo è già in atto. L'ovulo, come lo spermatozoo, sono "in potenza" un individuo umano, ma solo se non si uniscono tra di loro l'ovulo resta ovulo e lo spermatozoo resta spermatozoo. Invece lo zigote è già in atto un individuo umano, sviluppa un programma interno, suo, proprio, il quale come programma è già completo, sufficiente, individualizzato e attivante sé stesso, ovviamente date le condizioni necessarie allo sviluppo.

Di conseguenza, dal punto di vista della realtà ontologica, la dignità di persona va riconosciuta e attribuita ad ogni individuo umano fin dal momento della fecondazione. In questo senso, non si vede come possa sussistere un individuo umano che non sia perciò stesso anche persona"[199].

Se sono ben compresi, tutte queste considerazioni, si è in grado di difendere la vita innocente prodotta in laboratorio dalle tecniche di fecondazione artificiale. Così, anche, gli organismi incaricati di creare leggi a favore della

---

[199] UNIVERSITÀ CATTOLICA DEL SACRO CUORE, FACOLTÀ DI MEDICINA E CHIRURGIA "AGOSTINO GEMELLI" ROMA, CENTRO DI BIOETICA, *Identità e statuto dell'embrione umano*, «Medicina e Morale», supplemento al n. 6 del 1996, p. 9.

vita si affrettano a promulgare norme, le quali mettano freno alla produzione d'embrioni umani nei centri di fertilizzazione e, a finché gestiscano il loro "prodotto" dentro della legge e della moralità.

Senz'altro la legge italiana (Norme in materia di procreazione medicalmente assistita) del 19 febbraio 2004, n. 40, (tema studiato nel capitolo secondo) è una legge positiva, perché, qualcosa fa per regolare la produzione di embrioni umani[200].

---

[200] CASINI C., *La legge sulla fecondazione artificiale (ragione, scienza ed etica)*, Edizioni Cantagalli, Siena – Aprile 2004, pp. 15ss; Sul tema vedere anche: CASINI C., *Riflessioni sulla legge imperfetta: il caso della procreazione artificiale in Italia*, In: «Medicina e Morale» fascicolo 2003/2 pp. 227ss.; FLAMIGNI C., *La procreazione assistita*, In: DI PILLA F., *Scienza, etica e legislazione della procreazione assistita*, Edizioni scientifiche italiane, Città di Castello 2003, p. 38; PALAZZANI L., *La legge italiana sulla "procreazione medicalmente assistita": una rilettura biogiuridica*, In: «Medicina e Morale» 2004; 1, pp. 77-90; CASINI C. - DI PIETRO M.L. - CASINI M., *La normativa italiana sulla "procreazione medicalmente assistita" e il contesto europeo*, In: «Medicina e Morale» 2004; 1, pp. 17-52.

2. ADOZIONE DEGLI EMBRIONI CRIOCONSERVATI: ASPETTI ETICI

Lo statuto ontologico d'individuo umano (studiato precedentemente) iscrive *ipso facto* l'embrione nella comunità sociale, ed è così che, per il rispetto dovuto espresso dalla sua dignità, l'embrione deve essere ascritto all'ordine giuridico di difesa e perseguimento del bene comune in cui ciascuno vede rispettato e promosso il proprio bene personale come un diritto dovuto.

La vita degli embrioni non è un bene privato, senza rilevanza pubblica e attinenza al bene comune. I valori che l'embrione umano esprime e l'obbligo di rispetto verso di lui non s'iscrivono nel solo campo della responsabilità individuale, in cui ciascuno risponde alla propria coscienza.

Queste considerazioni devono portare ad affermare che il sopprimere embrioni umani, congelati o no, è un infanticidio; quindi, non si può togliere a questi "bambini" e "bambine" il diritto alla vita.

Davanti alla crudele realtà dell'esistenza d'embrioni umani abbandonati nel freddo, si presentano come soluzione quattro possibilità:

> ➢ Distruggere gli embrioni mediante lo scongelamento

> ➢ Utilizzare gli embrioni nella sperimentazione

> ➢ Conservare gli embrioni a tempo indeterminato

> ➢ Donare gli embrioni a una coppia sterile, per poi fargli nascere per mezzo della adozione prenatale

Abbiamo visto nel capitolo quarto, le diversi implicazioni etiche delle prime opzioni (sperimentazione e crioconservazione di embrioni umani). Adesso lo studio se dirige verso la donazione degli embrioni crioconservati, senza dimenticare le altre opzioni con la finalità di essere consapevoli della loro realtà e così intraprendere la via di una possibile adozione e cercare di fargli nascere per mezzo della adozione prenatale, adozione che deve essere dentro i parametri della liceità morale e giuridica.

Ma, prima di parlare d'adozione, si deve avere chiaro cosa vuol dire donare, in questo caso donare un embrione[201]:

"Donazione e donare sono un sostantivo ed un verbo dai connotati positivi. «Donazione è un atto con cui una persona si spoglia di un bene a favore di un altro» a titolo di liberalità e quindi donare è dare volontariamente, con risoluta liberalità, senza esigere prezzo, ricompensa o restituzione.

Si tratta dunque di donare un embrione soprannumerario, congelato, ma capace di ridestarsi a vita se accolto nell'utero di una donna diversa da quella che lo ha generato con il seme del proprio marito (fecondazione omologa) o di uno sconosciuto (nella fecondazione eterologa).

Come si vede, l'oggetto della donazione -l'embrione congelato- è già entrato nel labirinto delle definizioni, dei distinguo, delle sottili ed eleganti discussioni giuridiche.

La spiegazione che ci viene data è la seguente. L'embrione c'è perché qualcuno l'ha prodotto; è congelato ma può tornare a svilupparsi e quindi può sperare di non morire: meglio dunque "donarlo" a qualcuno, piuttosto che portarlo a morte per abbandono all'ibernazione permanente o alla eliminazione, svuotando i congelatori come si fa in famiglia per cibi da troppo tempo conservati"[202].

---

[201] AMERICAN SOCIETY FOR REPRODUCTIVE MEDICINE (ASRM), *Guidelines for Gamete and Embryo Donation*, Fertility and Sterility 2002; 77 (suppl. 5): S1-S18.
[202] SGRECCIA E. – FIORI A., *La donazione di embrioni*, «Medicina e Morale» 1996; 6, pp. 1053-1056.

È importante che i genitori biologici d'embrioni congelati siano consci dell'esistenza dei loro figli, consci della situazione nella quale si trovano questi esseri umani; una volta informati è necessario chiedere loro di scegliere se riaccoglierli come veri figli nella loro famiglia o, altrimenti donarli, non però per la ricerca, ma per essere trapiantati in uteri di donne che desiderano accoglierli per mezzo dell'adozione prenatale come loro figli.

Questa "donazione – adozione", avverrebbe sotto la tutela della legge, perché nel caso in cui, i genitori biologici rifiutassero i loro figli congelati, perderebbero ogni diritto nei loro confronti e gli embrioni verrebbero dichiarati come minori abbandonati. A questo punto il giudice competente disporrebbe con proprio decreto l'adottabilità.

La nascita di questo bambino per qualcuno potrebbe essere come il concepimento frutto di fecondazione eterologa; ma c'è una differenza sostanziale e questa differenza si radica nel fatto che in tal caso i bambini non vengono prodotti per questo fine, ma che esistono già, frutto della fecondazione artificiale sia omologa che eterologa, e che hanno il diritto di nascere e di avere una famiglia nella quale crescere normalmente, come qualsiasi altro bambino.

Senz'altro questo è il cammino da seguire per salvare queste vite umane innocenti, un gran gesto a favore della vita, mentre la loro soppressione sarebbe la più grande ingiustizia, un crimine abominevole.

Ma, prima della nascita di un bambino o bambina che viene dal freddo, ci sono molti problemi da affrontare.

Anzitutto il trapianto dell'embrione nell'utero materno, preceduto dello scongelamento dell'embrione con il conseguente pericolo della sua morte nell'intento di farlo possessore del diritto alla vita, giacché, appunto, lo scongelamento è il momento in cui la maggioranza degli embrioni si perdono.

Se si arriverà a confermare che lo scongelamento uccide gli embrioni, dovremmo domandarci se è morale farli morire nell'intento.

In Stati Uniti, la pubblicità a favore dell'adozione degli embrioni congelati viene dal proprio Presidente della Repubblica come lo segnala la seguente citazione:

"Il governo e il Congresso americano si schierano a favore dell'adozione degli embrioni ottenuti dalla fertilizzazione in vitro. Con l'avvio di una campagna di sensibilizzazione e lo stanziamento di 1 milione di dollari, l'amministrazione Bush ha lanciato infatti l'operazione: "Adotta un embrione". Grazie ai fondi sarà più facile per le coppie sterili adottare legalmente uno degli embrioni ottenuti nel corso della fertilizzazione in vitro che la coppia originaria non intende mettere al mondo.

Le cliniche della fertilità di solito offrono alle coppie le alternative di congelare gli embrioni "avanzati" per impiantarli in un secondo tempo, donarli alla ricerca scientifica, distruggerli o darli ad altre coppie. Quest'ultima possibilità non è nuova, ma l'iniziativa di Bush vuole privilegiarla rispetto alle altre. I finanziamenti previsti dal programma andranno ad agenzie private che operano nel campo dell'adozione degli embrioni affinché amplino i loro programmi ed educhino il maggior numero di coppie su questa possibilità.

Se la campagna non esclude la possibilità che dagli embrioni vengano estratte cellule staminali, vanno però sottolineati i termini utilizzati. Si parla, infatti, di "adozione" anziché di "donazione" degli embrioni: il che implica che gli embrioni vengono considerati soggetti legalmente adottabili e non oggetti da donare a piacimento. Un passo verso l'accettazione del pieno status morale e legale degli embrioni.

In prima fila per ottenere un finanziamento c'è l'agenzia non profit "Nightlight christian adoptions", che promuove l'adozione di embrioni. Il suo programma ha già portato alla nascita di 23 bambini a partire da embrioni che sarebbero andati distrutti. Si calcola che ci siano decine di migliaia di embrioni congelati nelle cliniche della fertilità e quasi altrettante coppie divise e tormentate sul cosa farne"[203].

Parlare d'adozione dopo la nascita è moralmente accettabile almeno in certe situazioni, ma sarebbe uno sbaglio concepire un bambino deliberatamente con l'obbiettivo di darlo in adozione.

Se questo tipo d'adozione già crea dei seri problemi sociali, giuridici, psicologici, affettivi, ecc., sia per il bambino in adozione, sia per la famiglia che vuole adottarlo, possiamo immaginare la quantità e la serie di problemi ai quali si andrà incontro nel momento in cui si decidesse l'adozione di un embrione congelato, frutto della fecondazione artificiale[204].

---

[203] MOLINARI E., Fonte: Avvenire, 22 agosto 2002

[204] The most common analogy drawn with regard to the moral character of the choice of a woman to gestate an abandoned embryo with the purpose of raising it is that it is akin to adoption, to a form of "early" or "prenatal" adoption. There are of course many parallels with traditional adoption. For example, there are a variety of possible motivations for those who decide to adopt. Some choose to adopt when they are confronted with a particular situation of a child they recognize to be in need and decide that they will raise that child. Others decide they would

È chiaro che concepire un bambino deliberatamente con l'intenzione di farlo partorire e farlo crescere da un'altra donna è al cento percento illecito. Ma è altrettanto chiaro che esistono gli embrioni abbandonati sotto lo zero in tantissime banche in tutto il mondo, oppure embrioni freschi che la madre genetica non si "sente" di portare avanti per vari motivi sia personali che sociali.

Questo tipo d'adozione è un problema al quale ancora non si riesce a trovare la giusta soluzione, non si riesce cioè a determinare le circostanze in cui una potenziale madre possa ricevere in utero un bambino che già esiste. Se riteniamo che la maternità debba essere una responsabilità sociale, dove gli aspetti genetici e gestazionali siano elementi fondanti per lo sviluppo fisico, psicologico, affettivo, ecc., normali del neonato.

"Ma la gestazione non è parte significativa della generazione del figlio? Durante lo sviluppo intrauterino il feto non assume soltanto sostanze nutritive, ma ha anche un "colloquio" biochimico e forse sensoriale con la gestante"[205].

È doveroso ricordare che ogni tappa dello sviluppo dell'essere umano è importante, cominciando appunto dalla gravidanza. La gravidanza non è soltanto una forma di

---

like to raise a child and go about finding the best way to obtain a child to rise. Such is also the case with agencies who facilitate "embryo adoptions", with procedures similar to those involved in regular adoptions. Like traditional adoptions, embryo adoptions typically involve a mixture of these and motivations. BERKMAN JOHN, *Gestating the Embryos of Others*, The National Catholic Bioethics Quarterly, Summer 2003, pp. 320ss.
[205] SGRECCIA E. – FIORI A., *La donazione di embrioni*, «Medicina e Morale» 1996; 6, pp. 1053-1056.

nutrimento e allevamento, è tutto un insieme d'elementi dove la genitorialità si esprime nella sua pienezza. Ma è importante chiarire che l'adozione dell'embrione non avrebbe a che fare con la surrogazione nel senso stretto della parola, in quanto è la donna che decide di portare nel suo utero un embrione già esistente. Nel caso della surrogazione, cioè dell'utero in affitto, la madre che porta avanti la gravidanza di un bambino che non è suo geneticamente, non programma di essere e agire come madre dopo la nascita[206].

Nel caso dell'adozione di un embrione fresco o scongelato, la gravidanza ha il significato dell'unicità genitore-bambino e quindi non viene meno e neppure si perde la successiva consapevolezza d'essere responsabile nei confronti del bambino, cioè di doverlo accogliere come un vero figlio.

Si afferma che l'adozione degli embrioni congelati non può essere possibile, a causa al pericolo di morte dell'embrione nel processo di scongelamento.

"Non è di sottacere il fatto, desumibile dalla letteratura scientifica, che nell'attuare il trasferimento in utero di embrioni congelati si verifica un tasso di perdite del 93-96% degli embrioni scongelati. Ne è garantito che non vi siano danni genetici prodotti anche negli eventuali sopravvissuti"[207].

---

[206] BERKMAN J., *Gestating the Embryos of Others*: *Surrogacy? Adoption? Rescue?* The National Catholic Bioethics Quarterly, Summer 2003, pp.309ss.

[207] SGRECCIA E. – FIORI A., *La donazione di embrioni*, «Medicina e Morale» 1996; 6 pp. 1053-1056.

Ma, qualora questa difficoltà fosse reale, dovremmo domandarci, se sia lecito scongelarli; nel caso in cui la morte dell'embrione avvenisse durante il processo di congelamento o mentre è ancora congelato, allora è chiaro che non dipenderebbe da chi procede al processo di scongelamento, avendo in mente il desiderio di salvare queste vite umane.

È senza dubbio il fatto che se il destino degli embrioni è la morte, piuttosto che essere distrutti, sarebbe preferibile farli morire nell'intento di "gettarli" nell'utero di donne disponibili ad accoglierli come madri.

A questi bambini e bambine, frutto "dell'alta tecnologia", non si può togliere il diritto alla vita, non si può ucciderli, aggravando ulteriormente la situazione d'ingiustizia nei loro confronti e producendo un infanticidio senza precedenti.

Così come stanno le cose, le strade da intraprendersi sono due:

> Si fanno nascere;

> Restano congelati.

Queste due strade sono le meno illecite, mentre sono da considerare illecite al cento per cento le altre opzioni e cioè di utilizzare gli embrioni congelati nella sperimentazione o emulare le leggi anglosassoni che vietano di tenere in frigo gli embrioni più di 5 anni (come stato detto nei capitoli precedenti).

La prima cosa che si deve fare per salvare queste innocenti vite umane è informare i genitori dell'esistenza dei loro figli congelati, della ingiustizia e del rischio che stano vivendo a causa di una decisione non tanto responsabile sia da parte dei genitori come dei centri di fertilizzazione. Dico non tanto responsabile perché purtroppo l'uomo è figlio del suo tempo e oggi con le tecnologie a disposizione, offuscano la coscienza e conducono a decisioni spesso antiumane, come quella di congelare i propri figli.

Una volta che i genitori abbiano preso coscienza di questa crudele realtà nella quale si trovano i loro figli, occorre invitarli a prendere una decisione e a scegliere fra l'accoglienza nella propria famiglia o l'abbandono.

Nel caso in cui scegliessero la prima opzione, cioè di accoglierli in famiglia, gli embrioni vengono scongelati per poi procedere al trasferimento nell'utero materno; se i genitori non accettassero di adempiere a questo dovere, dovrebbero perdere anche ogni diritto nei loro confronti. A questo punto ci troveremo davanti a minori abbandonati e quindi minori nella possibilità di essere adottati.

In questo caso, stiamo parlando di un'adozione prenatale, adozione che è senz'altro positiva, ma, piena di problemi etici, cominciando dallo scongelamento (come stato detto prima), la manipolazione genetica datasi nella diagnosi preimpianto per controllare la qualità dell'embrione appena scongelato.

Se a tutto ciò non si volesse dar peso ritenendo prioritaria la salvezza degli embrioni, bisognerebbe sempre informare la donna "adottante" su tutti gli elementi essenziali per una sua decisione: l'alta percentuale d'insuccessi, il numero d'embrioni che vanno perduti per salvarne alcuni e, infine, anche la possibilità di avere un bambino non sano, il che aprirebbe la strada a nuove occasioni d'aborto.

Per ultimo è necessario stabilire i criteri per la selezione delle donne che diventeranno mamme per mezzo dell'adozione prenatale, criteri non soltanto quelli riguardanti la capacità educativa (come per l'adozione di un bambino già nato) ma anche quelli relativi alle condizioni sanitarie necessarie per una regolare gestazione.

Ma, davanti ai molteplici problemi etici alla quale va incontro l'adozione degli embrioni congelati, si deve avere chiaro che questi essere umani ci sono e che questi bambini/e non vengono prodotti/e allo scopo della adozione, ma che per vari motivi tali come: una leggerezza dei centri di fertilizzazione, irresponsabilità dei genitori, mancanza di norme e leggi, ecc., esistono e hanno il diritto di poter vedere la luce di questo mondo.

A questo punto, una volta che l'embrione umano è stato creato, il suo impianto in utero non deve essere considerato immorale, anzi deve essere visto come un atto doveroso, un atto d'infinità carità, perché la sua soppressione o utilizzo nella sperimentazione, sarebbe un'ulteriore e ben più grande ingiustizia nei loro confronti.

3. Diritto alla vita, dovuto all'embrione umano

"Il diritto, in forza della vocazione costitutiva alla difesa coesistenziale, è chiamato a proteggere, in senso forte, anche l'embrione umano in modo uguale e simmetrico rispetto agli altri esseri umani.

L'embrione è "già" soggetto di diritto, in quanto bio-geneticamente e ontologicamente umano. Sin dal momento della fecondazione inizia ad esistere un organismo, ossia un singolo essere vivente con un sistema unico, integrato e organizzato che contiene in sé intrinsecamente tutte le informazioni genetiche orientate autonomamente alla attuazione dell'organismo completo, nelle diverse fase dello sviluppo continuo, graduale e coordinato. L'embrione umano è già, a tutti gli effetti (dunque "in atto"), un individuo umano che inizia, dal momento del concepimento, il suo ciclo vitale:

dunque è un soggetto di diritto che esige dal diritto la tutela della coesistenza. La soggettività giuridica non va attribuita formalmente ed estrinsecamente dalla volontà politica positiva a partire dalla rivelazione del raggiungimento di un certo stadio di sviluppo, per ragione convenzionali, ma va riconosciuta dal diritto sulla base della semplice rivelazione dell'inizio della vita di un essere umano. L'embrione, anche se quantitativamente impercettibile, è "qualitativamente" umano; è dunque una "alterità" giuridica forte" [208].

L'embrione è una realtà umana vivente, è un organismo umano vivente e quindi si devono riconoscere a questi organismi dei diritti; il primo e il fondamentale è quello alla vita. Una volta che abbiamo chiaro il concetto di vita umana, avremo capito che gli embrioni sono esseri umani e che devono essere considerati come soggetti, non come oggetti, non come mezzi. Questa è la posizione di molte persone che aderiscono all'etica personalistica, perché se si desidera riconoscere a questi esseri una dignità umana, non si può pensare di utilizzarli come strumenti per ottenere benefici di altra natura come, ad esempio, per la ricerca scientifica o per la terapia di patologie come nel caso dell'utilizzo di cellule staminali embrionali[209].

---

[208] PALAZZANI L., *La legge italiana sulla "procreazione medicalmente assistita" una rilettura biogiuridica*, «Medicina e Morale» 2004; 1, pp. 77- 90; MORI M., *Il feto ha diritto alla vita? Un'analisi filosofica dei vari argomenti in materia con particolare riguardo a quello di potenzialità*, In: LOMBARDI L. (a cura di), *il meritevole di tutela*, Giuffrè, Milano 1990, pp. 735-840.
[209] CARRASCO DI PAULA I., *La ricerca e l'uso terapeutico di cellule staminali embrionali: un nuovo dilemma per la Bioetica*, In: ZANINELLI S., (a cura di), *Scienza, tecnica e rispetto dell'uomo*, Vita e Pensiero, Milano 2001, pp. 111-122.

Caso simile è quello degli embrioni prodotti dalla fecondazione in vitro, in questo caso, le motivazioni non sono a beneficio dell'embrione, ma è semplicemente per portare a compimento il desiderio della coppia o di una singola persona di avere a tutti costi un figlio. Qui subentra il serio problema del rapporto che esiste, nel caso della fecondazione in vitro, tra genitori ed embrioni. Questa problematica va vista tenendo conto di quali sono le parti in causa e cioè non soltanto il genitore, ma anche gli embrioni.

Se affermiamo che gli embrioni, essendo esseri umani, sono organismi umani viventi, quindi se diciamo che hanno una dignità che deve essere tutelata in ogni momento e in ogni circostanza, consapevoli che questa dignità si fonda nella loro natura umana, il discorso dell'adozione prenatale deve essere la prima scelta, di fronte al prodotto della fecondazione in vitro. Si tratta di vite umane che se non sono salvate con tutti i mezzi legali possibili, saranno usate come qualsiasi altro prodotto, uso che necessariamente implica la morte.

Prima di prendere una decisione si deve tenere conto di tutti i soggetti coinvolti nella vicenda. Però, purtroppo, questo non si fa, perché per quelli che praticano le tecniche di fecondazione artificiale, l'embrione non conta in quanto non può esprimersi. Da un altro lato i genitori che vogliono concepire un figlio, neppure si domandano quello che succederà agli altri embrioni, i quali possono finire in frigorifero o distrutti. Il desiderio di avere un figlio li spinge a vedere l'embrione come un oggetto, un mezzo, non come una persona, come un soggetto che è fine a sé stesso.

Non è lo stesso dire:

> ➤ Nel caso naturale: mi è nato un figlio, questo figlio è un'entità indipendente da me che si è manifestata, si è realizzata da sé;

> ➤ Nel caso della fecondazione artificiale: ho fatto un figlio; affermando ciò, questo figlio, diventa una cosa, frutto di un'azione.

L'atteggiamento dei genitori nei confronti del figlio, nei due casi è completamente diverso. Nel primo caso lo vedranno, come un soggetto indipendente da loro, una persona che si è presentata. Invece nel secondo caso, lo considereranno un oggetto che loro hanno fabbricato, che hanno acquistato, ritenendosi anche liberi di gettarlo via.

Questo figlio è frutto di un'azione voluta, azione che ha messo in gioco una serie di elementi, oltre a quelli economici. Per avere una cellula uovo, necessaria per produrre un embrione, occorre un intervento ormonale a base di farmaci giacché, normalmente, ad ogni ciclo matura una sola cellula uovo; se si vuole procedere ad una fecondazione in vitro con una certa probabilità di successo, occorre farne maturare più di uno.

Gli embrioni sono esseri umani viventi e su questo non c'è nessun dubbio: biologicamente le cose sono molto chiare. Una delle ragioni che stanno alla base del rifiuto di non riconoscere l'indispensabile diritto alla vita agli embrioni, oltre a quella del loro uso per la sperimentazione, il fatto è che, se gli si riconoscono dei diritti, con quali scuse si accetta la legge 194 del 1978, che regola l'aborto, legge che prevede la soppressione di feti? Giacché, se si riconosce che gli embrioni hanno dei diritti, i feti, che sono ancora più sviluppati, dovrebbero averne ancora di più e così, automaticamente cade la legge 194[210].

In una cultura di morte, dove il problema è antropologico, è importante convincerci della validità e della dignità della vita, qualunque sia il suo livello di sviluppo. Se si accetta che il concetto della vita ha un valore totalizzante, che un essere umano non può mai essere usato come strumento, si è disposti a fare tutto il possibile per difendere la vita.

Le soluzioni al problema non sono moltissime, però senz'altro sarebbe un guadagno se si riuscisse a cambiare la mentalità; passare dalla cultura della morte ad una cultura della vita e cosi far vedere la realtà della vita umana sotto un aspetto più dignitoso; dove la soluzione al desiderio di avere un figlio si esaurisce nella adozione, sia di un bambino che è in condizioni di bisogno, o altrimenti optare per la adozione prenatale, così che la donna lo potrà sentire più figlio suo, dopo averlo portato per nove mesi in grembo.

La fecondazione artificiale, produce un corpo che rischia di essere considerato res, quindi oggetto disponibile e non persona, soggetto di diritti. Questa tecnica espone l'embrione al rischio di essere usato come mezzo e non come fine, di essere strumentalizzato per la soddisfazione di un desiderio o eliminato perché ormai è inutile. E quindi, davanti a questa situazione si devono trovare mezzi giuridici per assicurare al nascituro il diritto alla vita ed all'integrità fisica. Numerose sentenze, in applicazione del diritto fondamentale alla salute, hanno riconosciuto il diritto a nascere e a nascere sani.

---

[210] CASINI M., *Il diritto alla vita del concepito nella giurisprudenza europea*, Casa Editrici Dott. Antonio Milani, Padova 2001, pp. 128-133.

"Se si riconosce l'embrione umano come individuo umano, avente la qualità e dignità propria della persona umana, si deve conseguentemente riconoscere l'obbligo della sua protezione giuridica.

Il primo principio da applicare all'embrione umano è quello che riguarda il diritto fondamentale di ogni uomo alla vita e all'integrità fisica e genetica.

Sono così da estendere all'embrione umano le protezioni già riconosciute per i bambini, i malati, gli handicappati fisici e malati.

Non si tratta tanto di configurare un diritto speciale, quanto di adeguare il diritto comune ad un caso particolare. Pertanto, analogamente a ciò che vale per l'uomo nato, dovranno essere sanciti anzitutto il diritto dell'uomo nascituro alla vita e alla salute e il divieto, anche penalmente qualificato, di ogni intervento sull'embrione che non sia compiuto a beneficio complessivo dell'embrione stesso. Come quella dell'uomo nato, la vita dell'embrione umano dev'essere riconosciuto inviolabile e non strumentalizzabile ad alcun fine esterno, neppure alla ricerca sperimentale scientifica o medica, alla fornitura di cellule o tessuti per scopi farmacologici o di trapianto, alla produzione (clonaggio e chimere) di altri essere umani.

Le legislazioni sull'interruzione volontaria della gravidanza, quantunque implicitamente riconoscano in astratto all'embrione dignità umana, di fatto hanno abdicato al dovere di assicurargli una protezione adeguata"[211].

---

[211] UNIVERSITÀ CATTOLICA DEL SACRO CUORE, FACOLTÀ DI MEDICINA E CHIRURGIA "AGOSTINO GEMELLI" ROMA, CENTRO DI BIOETICA, *Identità e statuto dell'embrione umano*, In: Medicina e Morale, supplemento al n. 6 del 1996, p. 11.

È necessario allora valutare il profilo della responsabilità dell'agire. Esso impone il rispetto dell'altro come soggetto, per dare così un senso alla consapevolezza delle conseguenze delle azioni.

Per quanto riguarda la possibilità di operare una selezione delle caratteristiche genetiche del proprio figlio, è evidente la violazione diretta del principio di non discriminazione, sancito in tutte le moderne Costituzioni e affermato anche dalla Carta dei diritti fondamentali dell'Unione Europea (approvata a Nizza il 7 dicembre 2000).

Questo documento riconosce come inviolabile la dignità umana (art. 1), sancisce il diritto alla vita (art. 2), tutela l'integrità della persona umana (art. 3) e la sua eguaglianza di fronte alla legge (art. 20). A tal fine fissa anche il divieto di pratiche eugenetiche, in particolare di quelle aventi come scopo la selezione delle persone (art. 21).

Il rispetto del diritto alla vita e alla sua integrità presuppone, inoltre, il diritto alla libertà e alla sicurezza, sanciti dall'art. 6.

Negare all'embrione di giungere a pieno sviluppo, agire sull'embrione selezionandone i geni, sottoporlo ad esperimenti, è piena negazione dei diritti fondamentali dell'uomo, e da ciò scaturiscono gravi responsabilità nei confronti della specie umana attuale e futura.

4. DIBATTITO SULLA DONAZIONE E L'ADOZIONE DEGLI EMBRIONI CONGELATI

"Fino all'entrata in vigore della legge gli embrioni potevano essere congelati. Perciò si è formata uno stock che una indagine effettuata dal Ministero della Sanità ha quantificato in circa 24.000 embrioni. Che fare di essi? Il testo approvato dalla camera nella precedente legislatura aveva previsto la cosiddetta "adozione per la nascita". Allo scopo di offrire anche a questi concepiti una possibilità di vivere veniva permessa la PAU eterologa, una volta accertato il rifiuto dei genitori biologici di accettare il trasferimento degli embrioni da loro generati e ove coppie aventi i requisiti per l'adozione, ne avessero fatto richiesta. Questa disciplina aveva avuto un precedente che era stato su tutte le prime pagine dei giornali. Alla fine del luglio 1996 entrò in vigore

per la prima volta quella disposizione della legge inglese che ordinava la distruzione degli embrioni soprannumerari congelati da cinque anni. Alla scadenza di legge quasi 4.000 embrioni –i primi di una lunga serie- furono contemporaneamente eliminati mediante la loro immersione in alcool.

Il Movimento per la vita e i Forum hanno, invece, sostenuto l'opportunità della "adozione per la nascita", ma su questo punto non hanno avuto successo. La legge definitivamente approvata delega il Ministro della Salute a definire "con proprio decreto, avvalendosi dell'Istituto Superiore di Sanità, le modalità e i termini di conservazione degli embrioni" già esistenti e congelati, il cui elenco deve essere fornito dai vari centri. Nonostante l'asetticità delle parole è facile intuire quale sarà, prima o poi, la sorte di questi embrioni"[212].

L'adozione degli embrioni congelati, affinché si muova all'interno delle norme della legge, deve prevedere la donazione legale da parte dei genitori biologici, altrimenti si deve pensare ad un abbandono di minori, ambito in cui è il giudice competente ad avere l'ultima parola.

4.1. La donazione degli embrioni congelati

Le leggi devono essere create con la finalità di salvaguardare la vita e l'integrità delle persone che

---

[212] CASINI C., *La legge sulla fecondazione artificiale (Quanto al valore della vita)*, Edizioni Cantagalli, Siena – Aprile 2004, pp. 73ss.

compongono la società, nelle diverse tappe di sviluppo dell'essere umano dalla concezione fino alla morte.

Il pensare di fare delle leggi che regolino la donazione degli embrioni congelati e ancor di più pensare di fare leggi che favoriscano l'adozione di embrioni abbandonati sarebbe una grandissima opera di carità in confronto di migliaia di essere umani che finora si trovano gia prodotti e immagazzinati nei centri di fecondazione artificiale.

Soltanto così le coppie che hanno problemi di sterilità e non possono avere un figlio o le coppie che decidono donarsi ad un embrione potranno accedere alla adozione di questi esseri abbandonati che si trovano congelati. Sperando che con le nuove leggi si fermi la produzione immorale e irresponsabile d'embrioni nei centri di fertilizzazione.

Per procedere a questa particolare adozione, prima è necessario fare distinzione fra embrioni abbandonati, cioè, quelli embrioni dei quali non si conoscono i genitori biologici e quelli embrioni con madre e padre dichiarati. Nel primo caso, la possibilità di adozione sarà immediata e senza nessun problema, sperando sempre nella salute psico-somatica della futura madre che lo riceverà in utero. Nel secondo caso sarà necessaria una dichiarazione d'abbandono da parte dei genitori biologici.

Per avere un'idea della situazione degli embrioni nei centri di fertilizzazione, in Italia si ordinò un censimento, per conoscere la quantità di embrioni abbandonati e quali sono quelli che ancora hanno genitori. Dopo la valutazione degli embrioni rimane nelle mani dei giudici decidere a chi si può dare in adozione.

Questa è la procedura per l'aspetto giuridico dell'embrione umano. Ciò che si cerca è di garantire la vita per tutti gli embrioni congelati, i quali sono soggetti, sono parte del genere umano che devono essere rispettati e difesi come qualsiasi altro individuo della nostra società.

Certamente la legge deve favorire gli embrioni gia esistenti e che si trovano in maggesino giacenti nei centri di fecondazione. La nuova legge italiana sulla fecondazione medicalmente assistita non permette di produrre più di tre embrioni per essere trasferiti nell'utero materno e quindi così, i centri di fertilizzazione non possono più creare embrioni umani destinati alla crioconservazione.

I genitori che decidono di donare i loro figli congelati, devono essere pienamente consci di questa realtà, devono riflettere se è veramente un'opera buona donarli o meno e devono essere consapevoli del perché si donano, a chi si donano, e quale sarà il loro futuro.

Di fronte alla crudele realtà degli embrioni congelati, da alcuni anni si sta tentando, nei diversi paesi dove esiste questo problema, di legiferare rendendo la donazione una vera opera di pietà nei confronti di migliaia di esseri congelati.   La risposta alla donazione, guardando alle più recenti legislazioni sulla procreazione assistita, sembra presentarsi fin qui positiva. Ad esempio[213]:

> ➢ La legge spagnola (n. 35 del 1988) consente la donazione gratuita, formale e segreta dei cosiddetti "pre-embrioni";

> ➢ La legislazione francese (n. 654 del 1994) la consente solo a titolo eccezionale;

---

[213] CASINI M., *Il diritto alla vita del concepito nella giurisprudenza europea*, Casa Editrici Dott. Antonio Milani, Padova 2001, pp. 19ss.

> ➢ In Gran Bretagna è vietata, salvo il caso in cui vi sia un effettivo consenso di ogni persona, i cui gameti siano stati utilizzati per formare l'embrione;

> ➢ La normativa tedesca (1990), la più restrittiva, non statuisce il divieto esplicito della donazione d'embrioni, ma punisce chi pratica "...la fecondazione artificiale di un ovocita per un fine diverso da quello di provocare una gravidanza nella donna dalla quale l'ovocita proviene";

> ➢ Norme simili a quella tedesca vigono in Austria (1992), in Norvegia (1994) e in Svizzera (1990);

> ➢ Il documento conclusivo della Commissione sulla fecondazione assistita nominata dal Ministero di Grazia e Giustizia italiano all'art. 23 prevede la donazione degli embrioni a favore di un'altra coppia richiedente dopo cinque anni di conservazione in congelatore.

4.2. L'adozione degli embrioni congelati

"Con la legge del 1967 e più ancora con quella del 1983 la adozione di minori ha capovolto il suo significato: non si tratta più di dare un figlio a un adulto che non ne ha.

L'art. 1 della legge dell'83 proclama il diritto del minore alla famiglia. Quindi questi sono gli aspetti tipici della adozione:

a) Il presupposto è lo stato di abbandono morale e materiale. Al giudice tutelare è affidato il compito di verificare la situazione dei bambini che si trovano stabilmente fuori dalle proprie famiglie, in particolare degli istituti.

b) La dichiarazione di adottabilità di un minore è fatta dal Tribunale per i minorenni.

c) La procedura prevede l'affidamento preadottivo, cioè un periodo di prova di un anno prima di arrivare alla adozione definitiva.

d) Di regola possono adottare soltanto coppie di coniugi non separati e non divorziati; che non abbiano più di 40 anni rispetto all'età del minore e che siano dichiarate idonee dal tribunale per i minorenni (art. 6). Eccezionalmente, si può derogare al principio generale quando ciò corrisponde al bene del minore.

Quali aspetti di questa disciplina sono riferibili alla adozione per la nascita al punto da giustificare l'uso della parola "adozione"? le somiglianze sono:

a) Lo stato di abbandono dell'embrione;

b) L'esigenza di predisporre un rimedio non solo per dargli una famiglia, ma anche per salvarne la vita;

c) L'esigenza di un controllo giudiziario sullo stato di abbandono e sulle idoneità degli adottanti.

La differenza sta nel fatto che non può esservi affidamento preadottivo e che l'affidamento, inevitabilmente definitivo, si realizza mediante la gravidanza. Perciò l'effetto legittimante del figlio non deriva dall'adozione, ma dal parto.

Infatti, colei che partorisce è per legge la madre e il marito è il padre. Non pare, però, che questa importante particolarità tolga significato ai tre elementi sopra elencati che rendono inquadrabile alla adozione moderna il provvedimento che consente il trasferimento di un embrione crioconservato nell'utero di una donna"[214].

I paesi più sviluppati piano piano, fanno leggi a favore dell'adozione degli embrioni congelati, soltanto così potranno essere adottati, in base alle leggi che regoleranno la procreazione medicalmente assistita. In questa possibilità d'adozione entrano tutti gli embrioni finora creati e poi congelati sia per mezzo della fecondazione artificiale omologa come eterologa[215].

I centri che hanno incarico embrioni, dovranno trasmettere al ministero della sanità e al giudice tutelare territorialmente competente, due elenchi:

> ➢ Il primo deve indicare il numero di embrioni con il nome dei genitori biologici;

> ➢ L'altro elenco deve indicare il numero di embrioni di cui non si sa il nome dei genitori biologici.

---

[214] CASINI C. *Abbandono di embrioni umani e adozione*, In: supplemento Si alla Vita, Mensile del Movimento per la vita Italiano, n. 4, aprile 1999, p. 11.

[215] FIORE A. – SGRECCIA E., *Qualche riflessione sopra la legge italiana sulla procreazione assistita*, In: «Medicina e Morale» 2004; 1, pp. 9-15.

Tramite queste informazioni gli embrioni orfani per così dire, cioè quelli che non hanno genitori, saranno dichiarati subito adottabili dal giudice tutelare. Invece per i non orfani, i genitori biologici avranno tempo tre anni per richiedere l'impianto. Però anche questi embrioni potranno essere adottabili se i genitori biologici rinunciassero espressamente al diritto sui loro figli congelati, a questo punto lo stesso giudice tutelare dovrà valutare e quindi autorizzare l'adozione.

L'adozione di un embrione congelato rimane aperta anche per le coppie di fatto, che possono accedere alla procreazione assistita, così saranno figli naturali riconosciuti, invece, quelli nati dall'adozione da coppie sposate saranno figli legittimi.

Per gli embrioni prodotti per via eterologa, l'identità del donatore è rivelata con decreto motivato del giudice tutelare o, in caso di grave e imminente pericolo per la salute del nato, su richiesta del medico.

I centri che non trasmetteranno gli elenchi sono punibili con multe come dice l'articolo 17:

Articolo 17. (Disposizioni transitorie)

«**1.** Le strutture ed i centri iscritti nell'elenco predisposto presso l'Istituto superiore di sanità ai sensi dell'ordinanza del ministro della Sanità del 5 marzo 1997, pubblicata nella Gazzetta Ufficiale n. 55 del 7/3/1997, sono autorizzati ad applicare le tecniche di procreazione medicalmente assistita, nel rispetto delle disposizioni della presente legge, fino al nono mese successivo alla data di entrata in vigore della presente legge.
2. Entro trenta giorni dalla data di entrata in vigore della presente legge, i centri e le strutture di cui al comma 1

trasmettono al Ministero della salute un elenco contenente l'indicazione numerica degli embrioni prodotti a seguito dell'applicazione di tecniche di procreazione medicalmente assistita nel periodo precedente la data di entrata in vigore della presente legge, nonché, nel rispetto delle vigente disposizioni sulla tutela della riservatezza dei dati personali, l'indicazione nominativa di coloro che hanno fatto ricorso alle tecniche medesime a seguito delle quali sono stati formati gli embrioni. La violazione della disposizione del presente comma è punita con la sanzione amministrativa pecuniaria da 25.000 a 50.000 euro.

3. Entro tre mesi dalla data di entrata in vigore della presente legge il Ministro della salute, avvalendosi dell'Istituto superiore di sanità, definisce, con proprio decreto, le modalità e i termini di conservazione degli embrioni di cui al comma 2».

Nell'ambito delle leggi, c'è ancora tanto da fare per cercare di salvare gli embrioni mediante l'adozione. Le migliaia d'embrioni crioconservati nelle cliniche di fertilizzazione in tutto il mondo potrebbero diventare altrettanto bambini e bambine da adottare, se gli scienziati, i politici e i giuristi prendessero più coscienza di questa difficile realtà nella quale si trova la nostra società.

Se le leggi vietano la sperimentazione sugli embrioni congelati e con questo, la loro distruzione, allora la domanda è: cosa fare di questi piccoli essere umani che, per varie vicissitudini, si trovano in queste condizioni o per errore, o per leggerezza o per un'azione consapevole da parte dei medici che gestiscono i centri di fertilizzazione? Una soluzione all'interrogativo sembra venire dal sempre maggior numero di coppie che sono disposte a adottare questi bambini.

A questo punto si tratta di un vero accordo legale, di un vero contratto di donazione per le donne che non vogliono più i loro figli congelati e contratto di adozione per le donne che sono disponibili ad accettare questo bambino nel loro utero.

Il numero di donne consapevoli del pericoloso destino dei loro figli sta aumentando di giorno in giorno e quindi la donazione è la prima opzione a scegliere. Normalmente chi decide di donare gli embrioni pone condizioni simili a quelle che riguardano l'adozione di bambini già nati.

Questo atteggiamento viene assunto soprattutto da donne che hanno una formazione umana e religiosa forte e ancor di più quando la donna che decide di donare i suoi figli ne ha già partoriti altri e sa cosa sia essere madre e portare un figlio per nove mesi in grembo. In questo caso l'idea di lasciarli abbandonati in una clinica o preda di una sorte incerta non le piace affatto, per cui preferisce affidarli a dei nuovi genitori per mezzo dell'adozione.

Il numero di genitori che chiedono di trovare i propri figli congelati cresce e c'è anche una richiesta da parte dei governi di effettuare un censimento degli embrioni congelati in tutti i centri di fertilizzazione, appunto per sapere con esattezza il loro numero e quanti sono quelli che sono stati abbandonati dai loro genitori.

Il conoscere l'identità dei genitori di un embrione può essere di aiuto alla coppia che decide di adottarlo. Le informazioni sui parenti genetici dell'embrione possono rivelarsi importanti sia nel periodo della gravidanza che dopo[216].

---

[216] BERKMAN JOHN, *Adoption as the Appropriate Model*, The National Catholic Bioethics Quarterly, Summer 2003, pp. 326ss.

5. IL MONDO CRISTIANO A FAVORE DELLA VITA NASCENTE

Nel denunciare la vastità e la molteplicità delle offese alla vita umana, la cultura cristiana, si pronuncia e parla di: «*guerra dei potenti contro i deboli*» l'embrione umano, per incapacità di difesa e per la precarietà del proprio stato, è senza dubbio il «più debole» tra i deboli.

Oggetto di ricerca e di sperimentazione, serbatoio di cellule e tessuti da utilizzare per scopi farmacologici o di trapianto, vittima della volontà procreatrice o non procreatrice dei genitori, l'embrione sembra aver perso il diritto alla vita e alla tutela della salute, sempre meno garantiti dalla coscienza collettiva e dallo Stato.

«il carattere di "delitto" e ad assumere paradossalmente quello di "diritto", al punto che se ne pretende un vero e proprio riconoscimento legale da parte dello Stato e la successiva esecuzione mediante intervento gratuito degli stessi operatori sanitari» (Evangelium Vitae n. 11).

Ma, allo stesso tempo l'embrione e il feto stanno assumendo sempre più le caratteristiche di un piccolo paziente su cui fare diagnosi e mettere in atto le terapie adeguate: fatto questo reso possibile, da una parte dai progressi della diagnostica prenatale, e, dall'altra, dalla messa a punto di terapie che, seppur in fase sperimentale, consentono interventi non demandabili dopo la nascita. L'embrione è solo un oggetto disponibile, destinato alla distruzione, in vista di un bene di terzi: il ricercatore, la coppia o eventualmente, altri pazienti.

"Non possiamo non ricordare come tutti i dati della biologia e della genetica oggi disponibili dimostrino che l'embrione umano è gia dalla fecondazione un individuo umano che inizia il suo ciclo vitale e che mantiene sempre la propria identità: è con la fecondazione che avviene la maturazione sostanziale e si costituisce un nuovo essere umano, mentre la gradualità dello sviluppo riguarda solo le mutazioni conseguenti, accidentali. E dal momento che non si può separare il concetto di individualità umana da quello di persona, l'individualità dell'embrione umano coincide nella realtà obiettiva (ontologica) con la persona umana: persona umana che, nella sua irrepetibile singolarità, non esiste se non attraverso il proprio corpo, che le consente di realizzarsi e di entrare nel tempo e nello spazio, di esprimersi e di manifestarsi, e per la quale la vita fisica acquista un valore

fondamentale per lo sviluppo personale e per la costruzione degli altri valori. Ma la vita umana non dovrebbe essere considerata preziosa solo perché prologo necessario ad altri valori più elevati, ma soprattutto perché è attività rilevante di un qualcuno, di una persona vivente"[217].

La Chiesa Cattolica del Concilio Vaticano II ha riproposto all'uomo dei nostri tempi la dottrina che da sempre ha difeso fondando le sue radici nella Sacra Scrittura.
Più recentemente la Carta dei diritti della famiglia, pubblicata dalla Santa Sede, affermava che: La vita umana deve essere rispettata e protetta in modo assoluto dal momento del concepimento.
Nel momento in cui la Chiesa affronta queste tematiche non parla in una maniera astratta e teorica, ma si inserisce concretamente nelle attuali discussioni sull'inizio della vita umana, sull'individualità dell'essere umano e sull'identità della persona umana[218].
Essa richiama gli insegnamenti contenuti nella Dichiarazione sull'aborto procurato della Congregazione per la Dottrina della Fede dell'anno 1974:

«Dal momento in cui l'ovulo è fecondato, s'inaugura una nuova vita che non è quella del padre o della madre, ma di un nuovo essere umano che si sviluppa per proprio conto. Non sarà mai reso umano se non lo è stato fin da

---

[217] SGRECCIA E., *Interventi su embrioni e feti umani*, In: Commento Interdisciplinare alla «Evangelium Vitae», Libreria Editrice Vaticana, Vaticano 1997, pp. 617ss.
[218] PONTIFICIA ACADEMIA PRO VITA, Edited by: CORREA J. – SGRECCIA E., *Evangelium Vitae (five years of confrontation with the society)*, Libreria Editrice Vaticana, Vatican City 2000.

allora. A questa evidenza di sempre..., la scienza genetica moderna fornisce preziose conferme. Essa ha mostrato come dal primo istante si trova fissato il programma di ciò che sarà questo vivente: un uomo, questo uomo-individuo con le sue note caratteristiche già ben determinate. Fin dalla fecondazione è iniziata l'avventura di una vita umana, di cui ciascuna delle grandi capacità richiede tempo per impostarsi e per trovarsi pronta ad agire».

La dottrina che viene proposta in questo documento è confermata dalle recenti acquisizioni della biologia umana, la quale riconosce che nello zigote derivante dalla fecondazione si è già costituita l'identità biologica di un nuovo individuo umano.

Il punto fermo della natura, anche per la definizione dello statuto etico e giuridico del nascituro è appunto l'esistenza del diritto alla vita, come il costitutivo intrinsecamente presente nello statuto biologico dell'individuo umano fin dalla fecondazione, fin dal primo momento in cui l'ovulo e lo spermatozoo si uniscono.

«... tale è la posta in gioco, che sotto il profilo dell'obbligo morale, basterebbe la sola probabilità di trovarsi di fronte a una persona per giustificare la più netta proibizione di ogni intervento volto a sopprimere l'embrione umano. Proprio per questi, al di là dei dibattiti scientifici e delle stesse affermazioni filosofiche nelle quali il Magistero non si è espressamente impegnato, la Chiesa ha sempre insegnato, e tuttora insegna, che al frutto della generazione umana, dal primo momento della sua esistenza, va garantito il rispetto incondizionato che è moralmente dovuto all'essere umano nella sua totalità e unità corporale e spirituale (EV, 60).

La valutazione morale dell'aborto è da applicare anche alle recenti forme d'intervento sugli embrioni umani che, pur mirando a scopi in sé legittimi, ne comportano inevitabilmente l'uccisione. È il caso della sperimentazione sugli embrioni, in crescente espansione nel campo della ricerca biomedica e legalmente ammessa in alcuni Stati.

Se si devono ritenere leciti gli interventi sull'embrione umano a patto che rispettino la vita e l'integrità dell'embrione, non comportino per lui rischi sproporzionati, ma siano finalizzati alla sua guarigione, al miglioramento delle sue condizioni di salute o alla sua sopravvivenza individuale, si deve invece affermare che l'uso degli embrioni o dei feti umani come oggetto di sperimentazione costituisce un delitto nei riguardi della loro dignità di esseri umani, che hanno diritto al medesimo rispetto dovuto al bambino già nato e ad ogni persona.

La stessa condanna morale riguarda anche il procedimento che sfrutta gli embrioni e i feti umani ancora vivi -talvolta «prodotti» appositamente per questo scopo mediante la fecondazione in vitro- sia come «materiale biologico» da utilizzare sia come fornitori di organi o di tessuti da trapiantare per la cura di alcune malattie. In realtà, l'uccisione di creature umane innocenti, seppure a vantaggio di altre, costituisce un atto assolutamente inaccettabile» (Evangelium Vitae n. 63).

La norma giuridica, in particolare, è chiamata a definire lo statuto giuridico dell'embrione, quale soggetto di diritti, riconoscendo un dato di fatto biologicamente inconfutabile ed in sé evocatore di valori che non possono essere disattesi né dall'ordine morale né dall'ordine giuridico[219].

Per questo, tutti i cittadini sono chiamati a difendere i diritti inviolabili dell'essere umano fin dal suo concepimento. Non si può accettare che esseri umani vengano prodotti e poi utilizzati come merce, creati in molti casi per la sperimentazione o ancora peggio, destinati ad una programmata distruzione con l'avallo legislativo.

È necessario che vengano assunti a livello legale i principi sui quali si fonda la riflessione morale che propone la Chiesa Cattolica nella Istruzione Donum Vitae, I, 5., dove condanna tutte le terapie e i metodi di fecondazione in vitro che violano i diritti dell'essere umano dall'inizio della vita.

Il Magistero della Chiesa Cattolica è molto chiaro quando afferma che:

«Quale rispetto è dovuto all'embrione umano, tenuto conto della sua natura e della sua identità? L'essere umano è da rispettare -come una persona- fin dal primo istante della sua esistenza. La messa in atto dei procedimenti di fecondazione artificiale ha reso possibile diversi interventi sugli embrioni e sui feti umani. Gli scopi perseguiti sono di diverso genere: diagnostici e terapeutici, scientifici e commerciali. Da tutto ciò scaturiscono gravi problemi. Si può parlare di un diritto alla sperimentazione sugli embrioni umani in vita della ricerca scientifica? Quali normative o quale legislazione elaborare in questa materia? La risposta a tali problemi suppone una riflessione

---

[219] EUSEVI L., *La tutela giuridica dell'embrione umano*, In: S. ZANINELLI, (a cura di), *Scienza, tecnica e rispetto dell'uomo*, Vita e Pensiero, Milano 2001, pp. 161-178.

approfondita sulla natura e sull'identità propria -si parala di statuto- dell'embrione umano.

L'essere umano va rispettato e trattato come una persona fin dal suo concepimento e, pertanto, da quello stesso momento gli si devono riconoscere i diritti della persona, tra i quali anzitutto il diritto inviolabile di ogni essere umano innocente alla vita.

Questo richiamo dottrinale offre il criterio fondamentale per la soluzione dei diversi problemi posti allo sviluppo delle scienze biomediche in questo campo: poiché deve essere trattato come persona, l'embrione anche dovrà essere difeso nella sua integrità, curato e guarito, nella misura del possibile, come ogni altro essere umano nell'ambito dell'assistenza medica» (Donum Vitae I, 1).

In favore dei più deboli, anche il Presidente della Congregazione per la Famiglia sì espressa dicendo:

"¿Habrá mayor impotencia, una más amplia negación que la que sufre el "nascituro", el concebido no nacido, víctima de adultos que no le reconocen sus derechos, como si fueran sus dueños, árbitros de la vida? Son víctimas de cuantos están obligados a un mayor amor y más cálida ternura. Es ésta la expresión del Papa: Hoy una gran multitud de seres humanos débiles e indefensos, como son, concretamente, los niños aún no nacidos, está siendo aplastada en su derecho fundamental a la vida. Si la Iglesia, al final del siglo pasado, no podía callar ante los abusos entonces existentes, menos aún pueden callar hoy, cuando a las injusticias sociales del pasado, tristemente no superadas todavía, se añaden en tantas partes del mundo injusticias y opresiones incluso más graves, consideradas tal vez como

elementos de progreso de cara a la organización de un nuevo orden mundial.

¿Cómo ha podido acontecer que los que reconocían el juramento hipocrático, tantos siglos antes de Cristo, el mundo moderno, con tantos avances y conquistas, lo ignore y lo rechace? Porque lo que hay de por medio no es algo, una cosa, un instrumento de que es dable usar, que se puede eliminar y tratar como basura. El nascituro es alguien, es un ser humano, es un concebido, debe ser tratado como una persona humana. ¿Cómo pueden los parlamentos padecer tan peligrosa obnubilación? ¿Cómo pueden las madres rechazar algo que deberían defender con ternura y amor de predilección, aunque sólo fuera por instinto? Es verdad que al Papa, con entrañas de misericordia, se rebela, o se resiste a creer que pueda haber madres que, en lugar de ser fuentes de vida, se conviertan no sólo en sepulcros, sino en verdugos de sus hijos. Y señala toda una cadena de responsables que mueven, presionan y acosan a las madres a cometer el crimen del aborto: la sociedad, la familia (sin compasión), sobre todo los parlamentos que promueven leyes inicuas. Hay una circulación de amorosa compasión respecto de las madres (sin negar el horror del delito), incluso cuando han incurrido en este crimen abominable"[220].

---

[220] Lopez A., *Familia (vida y nueva evangelización)*, Editorial Verbo Divino, Pamplona 2000, pp. 231ss.

CONCLUSIONE

Nel primo capito sono state affrontate le diverse tecniche di fecondazione artificiale, cioè, come vengono prodotti e crioconservati gli embrioni umani.

Nel secondo capitolo invece si è affrontato il problema della sperimentazione con gli embrioni, sia dal punto di vista scientifico che giuridico.

Poi nel terzo capitolo, si cerca di sostenere le ragioni del perché la vita nascente si deve difendere sempre e comunque, partendo dalla identità e statuto dell'embrione umano.

Invece, nel quanto capitolo, sono state affrontate le implicazioni etiche della fecondazione artificiale, della crioconservazione degli embrioni, delle manipolazioni sulla vita nascente e, infine, si è messo a confronto il grande sviluppo della scienza e della tecnologia con il Magistero della Chiesa Cattolica, cercando di mettere alla luce gli abusi e le esagerazioni delle biotecnologie e della scienza medica in difesa della vita, soprattutto della vita innocente.

Dopo aver fatto questo percorso, nel quale ci possiamo rendere conto delle diverse manipolazioni sulla vita nascente e con la speranza di aver chiare le idee nell'aspetto tecnico-scientifico, giuridico ed etico. Nel quinto capitolo, ho cercato di dare una risposta al problema degli embrioni soprannumerari abbandonati o donati dai genitori biologici. L'adozione degli embrioni congelati è un argomento in piena discussione nei diversi ambiti della società, partendo dall'ambito della scienza passando per quello giuridico, politico per finire nell'ambito religioso.

Nella produzione, congelamento e uso degli embrioni in soprannumero, è importante fermarsi a riflettere sulla natura dell'essere umano, in qualsiasi stadio del suo sviluppo[221].

Purtroppo, nella realtà del mondo scientifico, non tutti affrontano questo esercizio mentale; alcuni argomentando che il riflettere sulla dignità della persona umana appartiene soltanto alla filosofia, altri hanno il coraggio di affermare che quello è un problema teologico e dunque della religione. Alcuni ricercatori arrivano a sostenere che quali scienziati, non possono fermarsi a discutere se le cellule embrionali sono o meno persone umane, se quegli elementi microscopici hanno la stessa dignità di un essere umano o meno; così, convinti di questa realtà, guardano all'embrione umano semplicemente come

---

[221] SGRECCIA E., *Manuale di Bioetica, Tomo I*, Vita e Pensiero, Milano 1996, pp. 559-587.

un cumulo di cellule e sangue che, tranquillamente, si può gettare o che può essere utilizzato dalla ricerca scientifica.

È vero che lo studio dell'essenza dell'essere umano appartiene alla filosofia, ma questo non comporta che gli scienziati siano dispensati a partire anche di questa riflessione, se lo scopo finale della scienza è fare del bene all'uomo e lottare a suo favore. Allora perché non partire dall'essere "uomo", perché non partire dallo statuto antropologico dell'essere umano?[222].

Davanti alla realtà del nostro mondo, un mondo già non più moderno ma post-moderno, è che le parole diventano pesanti quando affermiamo che l'uomo è diventato macchina persino nel fare scienza e che la crisi morale, politica, religiosa, ecc., sussiste perché l'uomo non è più capace di fare filosofia.

Ogni giudizio morale su qualsiasi intervento, sia questo: diagnostico, terapeutico, scientifico o commerciale sull'embrione e sul feto umano, deve partire dal fatto che questo essere in gioco è persona umana fin dal primo momento della sua esistenza.

Da tutte queste problematiche scaturisce una serie di azioni e di conseguenze dove sorgono domande inquietanti. Si può parlare di un diritto alla sperimentazione sugli embrioni umani in vista della ricerca scientifica? Quali normative o quale legislazione elaborare in questa materia?

---

[222] SERANI A., *El estatuto Antropològico y ético del embrión humano*, Cuadernos de Bioética, 1997; RAGER G., *Embrión, hombre, persona, Acerca del comienzo de la vida personal*, Cuadernos de Bioética, 1997, p. 1048 ss.

Le risposte che possiamo dare sono frutto di una riflessione centrata e approfondita sulla natura e sull'identità dell'embrione umano[223].

Consapevoli di questa realtà, non rimane altro che fare appello alla coscienza dei responsabili del mondo scientifico ed in modo particolare ai medici dei centri di procreazione medicalmente assistita, perché venga fermata la produzione di embrioni umani. Questo appello non deve arrivare soltanto ai medici, ma anche a tutti i Giuristi e a tutte le persone responsabili delle leggi, affinché gli Stati e le Istituzioni Internazionali riconoscano giuridicamente i diritti naturali del sorgere stesso della vita umana, ed altresì si facciano tutori dei diritti inalienabili che le migliaia d'embrioni intrinsecamente hanno acquisito dal momento della fecondazione.

A questo impegno neppure i politici possono sottrarsi, perché venga tutelato fin dalle sue origini il valore della democrazia, che affonda le proprie radici nei diritti inviolabili riconosciuti ad ogni individuo umano.

Si deve cercare di fare prevalere su ogni diritto il diritto alla vita; sembrerebbe che persino gli animali abbiano più diritti delle persone, perché mentre si ammazzano migliaia di bambini in cliniche abortive e mentre si gioca con gli embrioni frutto della fecondazione in vitro, è facile andare a finire in galera perché sulla strada si è calpestata la coda a un cane. Così arriveremo a vivere in una società dove gli animali avranno più diritti dell'uomo.

---

[223] SERRA A. – COLOMBO R., *Identità e statuto dell'embrione umano: il contributo della biologia*, In: PONTIFICIA ACCADEMIA PRO VITA, *Identità e statuto dell'embrione umano*, Città del Vaticano, Libreria Editrice Vaticana 1998, pp. 106-158.

La sfida posta all'uomo d'oggi, a causa dell'impoverimento etico delle leggi civili è così piena di responsabilità che in nessun momento si deve dare nulla per scontato, altrimenti si ripete quello che successo nel 1984, quando un gruppo di scienziati s'incontrò per decidere da che età l'essere umano può essere considerato tale, in seguito alla discussione si affermò che entro i primi 14 giorni, l'embrione non è ancora un essere umano, ben sì un pre-embrione[224]; e perciò, entro questo periodo si può fare qualsiasi intervento a scopo sperimentale, ciò vuol dire distruggere, eliminare vite umane.

La concezione positiva del diritto, insieme al relativismo etico, non soltanto toglie alla convivenza civile un sicuro punto di riferimento, ma svilisce la dignità della persona e minaccia le stesse strutture fondamentali della democrazia. Quindi, è necessario che le leggi civili rispettino la persona, la realtà dell'embrione quale soggetto di diritti, come pure la sua dimensione spirituale ed il carattere trascendente del suo destino.

Da tutta la società civile deve arrivare un appello ai legislatori affinché si impegnino nel dare una risposta alla urgente necessità di creare una regolamentazione giuridica sulla materia, che ne individui il criterio primario nel rispetto del diritto inviolabile alla vita di ogni individuo, dei diritti alla famiglia e di quelli dell'istituzione matrimoniale[225].

Questa esigenza scaturisce dall'insufficienza del riferimento alla coscienza individuale e all'autoregolamentazione dei ricercatori, e ancora di più

---

[224] Cfr. WARNOCK, 1984, cap. 11, pp. 58-69.
[225] TRUJILLO CARD. A., *Familia*, Verbo Divino, Navarra 2000, pp. 68-78.

dalla posizione di indifferenza di tanta gente davanti alla scienza. L'unico parametro per formulare un giudizio sulla scienza e le sue tecniche si basa su ciò che viene presentato in televisione e si sa che le informazioni quasi sempre vengono manipolate e quindi non possono essere un sicuro punto di partenza per giudicare tutto ciò che gli scienziati compiono nell'ambito della scienza e della tecnologia.

Senza dubbio l'autorità politica deve intervenire, ispirata dai principi razionali che regolano i rapporti tra legge civile e legge morale, considerando sempre che l'obbligatorietà del rispetto dei diritti della persona da parte della società civile, risiede nella circostanza che questi non dipendono né dai singoli individui né dai genitori e neppure rappresentano una concessione della società dello Stato; essi appartengono, infatti, alla natura umana, sono inerenti alla persona umana e mai devono essere messi in discussione[226].

Purtroppo, le norme giuridiche attuali, non hanno il potere sufficiente per controllare tutto ciò che in laboratorio si può fare. A questo punto è importante il richiamo dell'Istituzione agli Stati, affinché essi pongano la loro forza al servizio delle persone, del cittadino, ed in particolare di chi è più debole, cioè degli embrioni, perché è di lì che comincia la vita, considerando che la violazione al diritto della vita, mina i fondamenti stessi dello Stato e della società.

Il ventesimo secolo, sarà considerato un'epoca d'attacchi contro la vita, soprattutto quella dei più deboli,

---

[226] SERRA A., *Pari dignità all'embrione umano nell'Enciclica "Evangelium vitae"*, In: SGRECCIA E. - SACCHINI D. (a cura di), *Evangelium Vitae e Bioetica. Un approccio interdisciplinare*, Vita e Pensiero, Milano 1996, pp. 147-173.

con una serie di minacce programmate in maniera scientifica e sistematica che lede i diritti fondamentali della società, cioè il diritto alla vita[227].

La più alta testimonianza giuridica, si renderebbe concreta nel momento in cui i cultori di diritto internazionale e dei diritti umani, consci sul fatto che il potere legislativo dello Stato e dell'Istituzioni internazionali devono favorire e difendere la vita, per farsi che la scienza e la tecnica siano al servizio dell'uomo in speciale i più deboli, cioè la vita nascente[228].

---

[227] GIOVANI PAOLO II, *"Discorso durante la Veglia di preghiera per l'VIII Giornata Mondiale della Gioventù"*, 14 agosto 1993, AAS 86 (1994), p. 419; cfr. *Evangelium Vitae* n. 17.

[228] CONGREGAZIONE PER LA DOTRINA DELLA FEDE, *Istruzione su il rispetto della vita umana nascente e la dignità della procreazione (22 febbraio 1987)*, Libreria Editrice Vaticana, Città del Vaticano 1987, I, p. 1.

TAVOLA DELLE ABBREVIAZIONI

AACC	American Association of Clinical Chemistry
ACB	Association of Clinical Biochemists
ACP	Association of Clinical Pathologists
AFP	Alfa-feto-proteina
AID	Artificial Insemination by Donor
AIH	Artificial Insemination by Husband
AITELAB	Associazione Italiana dei Tecnici di Laboratorio Biomedico
ART	Assisted Reproductive Technology
ASCLS	American Society for Clinical Laboratory Science
ASRM	American society for Reproductive Medicine

AZH	Assisted Zona Hatching
CO2	Anidride carbonica
DL	Decreto Legislativo
DMSO	Dimetilsulfossido
DPCM	Decreto della Presidenza del Consiglio dei Ministri
DPR	Decreto del Presidente della Repubblica
DV	Donum Vitae
E2	Estradiolo
ESC	Embrionic stem cell
EV	Evangelium Vitae
FIV	Fecondazione in vitro
FIV-ET	Fecondazione in vitro per trasferimento di embrioni
FSH	Follicolostimolante
GIFT	Trasferimento intratubarico di gameti
GnRH	Gonadotropin-releasing hormone
HBC	Human Blastocyst Culture
HCG	Human chorionic gonadotrophine
HGP	Human Genome Project
HIV	Human Immunodeficiency Virus
HLA	Human Lymphocyte Antigen
IA	Inseminazione artificiale
IBMS	Institute of Biomedical Sciences
ICM	Inner Cell Mass
ICSI	Intracytoplasmic sperm injection
IFCC	International Federation of Clinical Chemistry
IHA	Independent Healthcare Association
IHSM	Institute of Health Services Management
IOR	Immature Ovocyte Retrieval
IPI	Intra Peritoneal Insemination

IUI	Intrauterine Insemination
IVOM	In Vitro Ovocyte Maturation
LIF	Fattore di inibizione della leucemia
MESA	Microsurgical Epididymal Sperm Aspiration
MRI	Magnetic resonance imaging
N2	Nitrogeno
NCEHR	National Council for Ethics in Human Research
O2	Ossigeno
OHSS	Sindrome da iperstimolazione ovarica
PAU	Procreazione artificiale umana
PGD	Preimplantation Genetic Diagnosis
PKU	Phenyl Ketonuria
PPD	Propanediolo sucrosio
PROH	1, 2 Propanediolo
PROST	Pronuclear Stage Transfer
PRT	Platinum resistance to temperature
PVP	Poliuinilpirrolidone
PZD	Partial Zone Dissectio
ROSI	Round Spermatid Injection
ROSNI	Round Spermatid Nuclear Injection
SART	Society for Assisted Reproductive Technology
SUZI	Sub Zonal Insemination
TESE	Testicular Tissue Sperm Extraction
TET	Tubaric Embryo Transfer
TIUG	Trasferimento intrauterino di gameti
WHO	World Health Organization
WMA	World Medical Association
ZIFT	Zygote IntroFalloppian Transfer

RINGRAZIAMENTI

Alla fine di questo lavoro devo riconoscere che, l'arrivare a questo punto della mia preparazione scientifica, non sarebbe stato possibile senza l'aiuto e la solidarietà di tantissime persone. Ringrazio a tutte, una per una e sono davvero molte. Alcune, però, vorrei nominarle.

Anzitutto, i miei ringraziamenti vano al Prof. Gonzalo Miranda, al Prof. Ignacio Carrasco de Paula, alla Prof.ssa. Maria Luisa Di Pietro, e a tutti i collaboratori dell'Istituto di Bioetica dell'Università Cattolica, per la guida e gl'insegnamenti costanti in questo complesso ma fantastico mondo della Bioetica.

In sequenza, poi, vorrei ringraziare al Prof. Elio Sgreccia, pioniere della Bioetica Personalista. Al Dott. Thomas Euteneuer, Presidente di Human Life International. Al Dott. Ignacio Barreiro Direttore di Vita Umana

Internazionale di Roma e a tutte le persone che collaborano con queste Istituzioni in tutto il mondo a favore dello sviluppo della conoscenza e la ricerca scientifica.

Un ringraziamento particolare a Mons. Bernard Prince, per il suo costante aiuto di vero amico e a Mons. Mario Magistrato, il quale mi accolse come un figlio e amico.

In fine, ringrazio ai miei genitori, alle mie sei sorelle e quattro fratelli per il loro sostegno per sino nei momenti più difficili.

Di cuore grazie a tante persone care, che mi hanno accompagnato con il loro sostegno in questo favoloso viaggio nel mondo della scienza e della tecnologia, della Biomedicina e della Bioetica, un'esperienza bellissima della mia vita, la quale rimarrà scritta con inchiostro indelebile per sempre.

BIBLIOGRAFIA

* AA.VV., *Biotechnology of Human Reproduction*, The Parthenon Publishing Group, New York 2003.

* AA.VV., Pontificia Accademia pro Vita, *Identità e statuto dell'embrione umano,* Libreria Editrice Vaticana, CV., 1998.

* ACTA PHILOSOPHICA, *The dignity of man and human action* (a cura di: Alice Ramos). Fascicolo II, Volume 10, Anno 2001.

* AMIT M. – SUSS-TOBY E. – MANOR D. – ITSKOVITZ-ELDOR J., *Human embryonic stem cells and embryo cloning*, In: REVELLI A. - TUR-KASPA I. – HOLDE J. – MASSOBRIO M., *Biotechnology of Human Reproduction*, The Parthenon Publishing Group (International Publishers in Medicine, Science & Technology), New York-London 2003, pp. 439-452.

* ANONYMOUS, *Assisted Reproductive technology in the United States: 1997 results from the American–society for Reproductive Medicine/Society for Assisted reproductive Technology Registry,* Fertility and Sterility 2000, 74.

* ANTHOPOTES, Rivista di studi sulla persona e la famiglia, 2002 - XVIII-1.

* AVERY S., *Embryo criopreservation*. In: BRINSDEN R., *A Textbook of in vitro Fertilisation and Assisted Reproduction*, ed. Parthenon, London 1999, pp. 211-217.

* BENSHUSHAN A. – SCHENKER G., *The right to heir in the era of assisted reproduction*, Human Reproduction 1998; 13.

* BERKMAN J., *Gestating the Embryos of Others*: *Surrogacy? Adoption? Rescue?*, The National Catholic Bioethics Quarterly, Summer 2003.

* C.R.U.I., *Introduzione al Brevetto*, Farmindustria: La tutela nel settore Farmaceutico e Tecnologico, Think Tank, Copyright 2000.

* CAMPBELL K., *Nuclear transfer*, Seminars in Cell and Developmental Biology, 1999.

* CASINI C., *La legge sulla fecondazione artificiale (ragione, scienza ed etica)*, Edizioni Cantagalli, Siena – Aprile 2004.

* CASINI C., *Riflessioni sulla legge imperfetta: il caso della procreazione artificiale in Italia*, In: Medicina e Morale, fascicolo 2003/2.

* CENTRO DI BIOETICA – UNIVERSITÀ CATTOLICA DEL S. CUORE, ROMA., *Identità e statuto dell'embrione umano*, Medicina e Morale, Supplemento al n. 6 del 1996.

* CIBELLI J. – KIESSLING A. – CUNNIF K, et al., *Somatic cell nuclear transfer in humans: pronuclear and early embryonic development*, Regen Med 2001;2.

* CLARKE D. - JOHANSSON C. - FRISEN J. et al., *Generalized potential of adult neural stem cells*, Science 2000, 288.

* COMITATO NAZIONALE PER LA BIOETICA, *Identità e statuto dell'embrione umano*, 22 giugno 1996, Presidenza del Consiglio dei Ministri, Dipartimento per l'Informazione e l'Editoria, Roma, 1996.

* COMITATO NAZIONALE PER LA BIOETICA, *La clonazione come problema bioetico* (21.3.1997), pubblicato su "Medicina e Morale", 1997, 2, pp. 360-362.

* COMITATO NAZIONALE PER LA BIOETICA, *Terapia genica*, 15 febbraio 1991, Presidenza del Consiglio dei Ministri, Dipartimento per l'Informazione e l'Editoria, Roma 1991.

* CONGREGAZIONE PER LA DOTRINA DELLA FEDE, *Istruzione su il rispetto della vita umana nascente e la dignità della procreazione (22 febbraio 1987)*, Libreria Editrice Vaticana, Città del Vaticano 1987, I.

* COROLEU B. – CARRERAS O. – VEIGA A., *Embryo transfer under ultrasound guidance improves pregnancy rates after in vitro fertilization*, Hum Reprod 2000; 15.

* DE JONGE C. – BARRATT C., *Assisted Reproductive Technology*, Cambridge University Press, Cambridge 2002.

* DE JORGE C. – BARRATT C., *Assisted Reproductive Technology (legal and ethical aspects)*, Cambridge University Press, Cambridge 2002.

* DI PIETRO M. L. – SGRECCIA E., *Procreazione assistita e fecondazione artificiale (tra scienza, bioetica e diritto)*, Editrice la Scuola, Brescia 1999.

* DI PIETRO M.L. – FIORE A., *Manipolazioni lessicale e semantiche in bioetica*, In: ZANINELLI S., *Scienza, tecnica e rispetto dell'uomo*, Vita e Pensiero, Milano 2001, pp. 123-142.

* DI PIETRO M.L. – GIULI A. – SERRA A., *La diagnosi preimpianto*, In: Centro di Bioetica della Facoltà di Medicina e Chirurgia della Università Cattolica "Sacro Cuore" di Roma, Medicina e Morale 2004;3, pp. 469ss.

* DICKENSON D., *Ethical issues in maternal-fetal medicine*, Cambridge University Press, 2002.

* EDGAR DH. – BOURNE H. – SPEIRS AL. – MCBAIN JC., *A qualitative analysis of the impact of cryopreservation on the implantation potential of human early cleavage stage embryos*, Huma Reprod, 2000 Jan; 15 (1).

* EL - NOUR M. – AL MAYMAN A. – JAROUDI A., *Effects of the hypo-osmotic swelling test on the outcome of intracytoplasmic sperm injection for patients with only nonmotile spermatozoa available for injection: a prospective randomized trial*, Fertility and Sterility 2001; 75.

* ELDER K. – DALE B., *In vitro fertilization*, 2nd edn. Cambridge: Cambridge University Press, 2000.

* EUSEVI L., *La tutela giuridica dell'embrione umano,* In: ZANINELLI S., (a cura di), *Scienza, tecnica e rispetto dell'uomo,* Vita e Pensiero, Milano 2001, pp. 161-178.

* FABBRI R. – PORCU E. – MARSELLA T., *Human oocyte cryopreservation: new perspectives regarding oocyte survival.* Hum Reprod 2001; 16.

* FIORE A. – SGRECCIA E., *Qualche riflessione sopra la legge italiana sulla procreazione assistita*, In: Centro di Bioetica della Facoltà di Medicina e Chirurgia della Università Cattolica "Sacro Cuore" di Roma, Medicina e Morale 2004;1, pp. 9-15.

* FLAMIGNI C., *La procreazione assistita*, In: DI PILLA F., *Scienza, etica e legislazione della procreazione assistita*, Edizioni scientifiche italiane, Città di Castello 2003, p. 38.

* FORD N. S.D.B., *"The Human Embryo as Person in Catholic Teaching"*, The National Catholic Bioethics Quarterly 1.2 Summer 2001.

* FORD N., *The Prenatal Person (Contemporary Concept Person)*, Blackwell Publishing, Oxford 2002.

* FORD N., *When did I begin? Conception of the human individual in history, philosophy and science*, Cambridge University Press, Cambridge 1988; MCLAREN A., *Prelude to embryogenesis*, In: CIBA FOUNDATION, *Human embryo research: yes or no?*, Tavistock, London 1986, pp. 5-23.

* FRIDLER S. – BEN-SHAACHAR I. – ABRAMOV Y., *Ruptured Tuba-ovarian abscess complicating transcervical cryopreserved embryo transfer*, Fertility and Sterility 1996; 65 (5).

* GAGE H., *Mammalian neural stem cells*, Science 2000, 287.

* GILBERT S., *Developmental Biology*, Sunderland, Mass.: Sinauer Associates 1991, p. 3.

* GIOVANI PAOLO II, *"Discorso durante la Veglia di preghiera per l'VIII Giornata Mondiale della Gioventù"*, 14 agosto 1993, AAS 86 (1994), p. 419; cfr. *Evangelium Vitae* n. 17.

* GIOVANNI PAOLO II, *Discorso ai partecipanti al Convegno della Pontificia Accademia delle Scienze*, 23 ottobre 1982: AAS 75 (1983) 37.

* GIOVANNI PAOLO II, *Discorso ai partecipanti al Convegno del Movimento per la Vita*, 3 dicembre 1982: *Insegnamento di Giovanni Paolo II*, V3; 1512.

* GIOVANNI PAOLO II, *Lettera enciclica Redemtor Hominis*, 4 marzo 1979.

* GIOVANNI PAULO II, *Discorso ai partecipanti alla 35° Assemblea Generale dell'Associazione Medica Mondiale*, 29 ottobre 1983: AAS 76 (1984) 392.

* GROBSTEIN C., *Biological Characteristics of the Pre-embryo*, (Annals of the New York Academy of Science), 1988, 541.

* HEMMINKI E., *Ethical and social aspects of evaluating fetal screening*, In: DICKENSON D., *Ethical issues in maternal-fetal medicine*, Cambridge University Press, Cambridge 2002, pp. 183-194.

* HOWARD HUGHES MEDICAL INSTITUTE, *"A global Struggle to Deal with Human ES Cells"*, In: *Are Stem Cells the Answer?*, Howard Hughes Medical Institute Bulletin, March 2002, pp. 10-17.

* HUMAN REPRODUCTION Vol. 19, n. 3, 2004, pp. 490-503. Assisted reproductive technology in Europe, 2000. Results generated from European registers by ESHRE.

* IOZZIO M., *It is Time to Support Embryo Adoption*, In: (The National Catholic Bioethics Quarterly), Volume 2, Number 4, Winter 2002, p. 585.

* JORNSON C. – RIETZE R. – REYNOLDS B. et al, *Turning brain into blood: a haematopoietic fate adopted by adult neural stem cells in vivo*, Science 1999, 283.

* KARANDE C. – HAZLETT D. – GLEICHER N., *A prospective randomized comparison of the Fallacy catheter and the Cook Echo-Tip catheter during ultrasound-guided embryo transfer*, Fertility and Sterility 2002.

* KATALILINIC A., et al., *Pregnancy course and outcome after intracytoplasmic sperm injection: a Controlled, prospective cohort study*, Fertility and Sterility, 2004 Jun; 81 (6).

* KAUFMAN D. – HANSON E. – LEWIS R., et al., *Hematopoietic colony-forming cells derived from human embryonic stem cells*, Proc Natl Acad Sci, USA 2001; 98.

* KUJI N. – SAKAIDA M. – MIYAZAKI T. ed al., *Human embryo freezing with dimethylsulfoxide sucrose as cryoprotectants*, Nippon Sanka Fujinka Gakkai Zasshi, 1993 Sep; 45 (9): 1001-PMID: 8371014 (Pub Med – indexed for MEDLINE) Luglio del 2004.

* LAWLER A. and GEARHART J., *Embryonic stem cells*, In: DE JORGE CH. and BARRATT CH., *Assisted Reproductive Technology*, Cambridge University Press 2002, pp. 167-177.

* LEE R.G. – MORGAN D., *Human Fertilisation and Embryology. Regulating the reproductive Revolution*, London: Blackstone, 2001.

* LEGA C., *Manuale di Bioetica e Deontologia Medica*, Giuffrè Editore, Milano 1991.

* LEMISCHKA I., *Searching for stem cell regulatory molecules: Some general thoughts and possible approaches*, Ann. N.Y. Acad. Sci. 1999, 872.

* LEONE S., *Bioetica*, Medical Books, Palermo 1987.

* LEONE S., *Manuale di Bioetica*, Istituto Siciliano di Bioetica, Acireale 2003.

* LOMBARDI L., *Terre*, Vita e pensiero, Milano 1989.

* LOMBARDO F. – GANDINI L. – DONDERO F., *Antisperm immunità in natural and assisted reproduction*, Hum Reprod Update 2001; 7.

* LOPEZ A., *Familia (vida y nueva evangelización)*, Editorial Verbo Divino, Pamplona 2000.

* LUCAS Lucas R., *L'uomo spirito incarnato*, Possenti, Cinisello Balsamo 1993.

* LUCAS Lucas R. *Antropologia e problemi bioetici*, Edizioni San Paolo, Milano 2001, p. 94ss.

* MARINI G., *La società di fronte alla scienza e alle tecnologie*, S.I.P.S., Ancona 1983

* MARSHALL E., *A versatile cell line raises scientific hopes, legal questions*, Science 1998, 282, pp. 1014-1015.

* MARSHALL E., *Ethicists back stem cell research, White House treads cautiously*, Science 1999, 285.

* McDONALD J. - LIU X-Z., et al., *Transplanted embryonic stem cells survive, differentiate and promote recovery in injured rat spinal cord*, Nature Medicine 1999, 5.

* McKENZIE J. – KLEIN R., *Basic Concepts in Cell Biology and Histology*, McGraw-Hill, New York – London 2000.

* McKEOWN E., *Adopting Sources: A Response to Stephen Post*, Journal of Religious Ethics 25.1 (Spring 1997).

* McLAREN A., *Prelude to embryogenesis*, In: The CIBA Foundation, *Human Embryo Research: yes or no?*, Tavistock, London 1986, pp. 5-23.

* MELINA L., *Corso di Bioetica, Il Vangelo della vita*, Edizioni Piemme, Milano (AL) 1996.

* MELINA L., *El embrión humano. Estatuto biológico, antropológico y jurídico*, RIALP, Madrid 2000.

* MERECKI J. – STYCZEN T., *L'essere umano e la persona*. Ne «L'Osservatore Romano» del 14 maggio 1995.

* PALAZZANI L., *La legge italiana sulla "procreazione medicalmente assistita": una rilettura biogiuridica*, In: Centro di Bioetica della Facoltà di Medicina e Chirurgia della Università Cattolica "Sacro Cuore" di Roma, Medicina e Morale 2004;1, pp. 77-90.

* PAPAGEORGIOU C. – HEARNS-STOKES M. – LEONDIRES P., *Training of providers in embryo transfers: What in the minimum number of transfers required for proficiency?*, Hum Reprod 2001; 16.

* PARINGTON J. - SWANN K. - SHEVCHENKO V. - SESAY A. - LAIN, F., *Calcium oscillation in mammalian eggs triggered by a soluble sperm protein*, Nature 1996; 32.

* PASTOR L., *Bioética de la manipulación embrionaria humana*, Cuadernos de Bioética, 1997.

* PESSINA A., *Bioetica e antropologia. Il problema dello statuto ontologico dell'embrione umano*, Vita e Pensiero, 1996, 6.

* PONTIFICIA ACADEMIA PRO VITA, Edito da: CORREA J. – SGRECCIA E., *Natura e dignità della persona umana a fondamento del diritto alla vita*, Libreria Editrice Vaticana, Città del Vaticano 2002.

* PONTIFICIA ACADEMIA PRO VITA, Edito da: CORREA J. – SGRECCIA E., *La cultura della vita: fondamenti e dimensioni*, Libreria Editrice Vaticana, Città del Vaticano 2001.

* PONTIFICIA ACADEMIA PRO VITA, Edito da: CORREA J. – SGRECCIA E., *Etica della ricerca biomedica*, Libreria Editrice Vaticana, Città del Vaticano 2003.

* PONTIFICIA ACCADEMIA PER LA VITA, *Comunicato finale della X Assembra Generale*, L'osservatore Romano, Mercoledì 17 Marzo 2004.

* PORCU E. – CIOTTI M. – FABBRI R. ed al., *Freezing technology*, In: AA.VV., *Biotechnology of Human Reproduction*, The Parthenon Publishing Group, New York 2003, pp. 213.

* PORCU E. – FABBRI R. – DAMIANO G., *Clinical experience and applications of oocyte cryopreservation*. Mol Cell Endocrinol 2000; 169.

* PULSON R. – SAUER M. – FRANCIS M., *In vitro fertilization in unstimulated cycles*, The University of Southern California experience, Fertility and Sterility 1992; 57.

* QUINN P. *Success of oocyte and embryo freezing and effect on outcome with in vitro fertilization*, Semin Reprod Endocrinol 1990; 8.

* RADFOLRD J. – SHALET S. – LIBERMAN B., *Fertility after treatment for cancer*, Br Med J., 1999; 31.

* RAGER G., *Embriòn, hombre, persona, Acerca del comienzo de la vida personal*, Cuadernos de Bioética, 1997.

* RIBES B., *Pour une riforme de la législation française relative à l'avortament*, Etudes 1973; 1.

* RIDEOUT W. – EGGAN K. – JAENISCH R., *Nuclear cloning and epigenetic reprogramming of the genome*, Science 2001; 293.

* RIVISTA INTERNAZIONALE DEI DIRITTI DELL'UOMO, Anno XII, No 3, sett-dice 1999.

* ROBERTSON S. - KENNEDY M. - KELLER G., *Hematopoietic commitment during embryogenesis*, Annals of the New York Academy of Sciences 1999, 872.

* SCHENKER J., *Assisted reproduction practice in Europe: legal and ethical aspects*, Human Reproduction *Update*, 1997; 3.

* SCHLATT S., *Transplantation of male germ line stem cells: a technique for man?*, In: REVELLI A. - TUR-KASPA I. – HOLDE J. – MASSOBRIO M., *Biotechnology of Human Reproduction*, The

Parthenon Publishing Group (International Publishers in Medicine, Scienze & Technology), New York-London 2003, pp. 453-458.

* SCHULTZ R. – WILLIAMS C., *The science of ART*, Science 2002, 296
* SELLER M. – PHILIPP E., *Reasons for wishing to perform research on human embryos*, In: DUNSTAN G. – SELLER M., (eds.), *The status of human embryo*, Oxford University Press, London 1988, pp. 22-32.
* SERRA A., *Lo stato biologico dell'embrione umano. Quando inizia l'essere umano?*, In: LUCAS LUCAS R., *Comento interdisciplinare alla "Evangelium Vitae"*, Libreria Editrice Vaticana 1997, p. 575.
* SERRA A., *Pari dignità all'embrione umano nell'Enciclica*
* SGRECCIA E., *Piccolo, infinitesimo uomo*, In: "Avvenire", 17 luglio 1984, p. 16.
* SGRECCIA E., *Interventi su embrioni e feti umani*, In: Commento Interdisciplinare alla «Evangelium Vitae», Libreria Editrice Vaticana, Vaticano 1997, pp. 617ss.
* SGRECCIA E., *Manuale di Bioetica (Il neoconcepito alla luce della genetica e della biologia umana)*, Volume I, Vita e Pensiero, Milano 1999 (Seconda ristampa della terza edizione: 2003).
* SGRECCIA E., *Bioetica, Manuale per Medici e Biologi*, Vita e Pensiero, Milano 1986.
* SHARMA K. – SEIFARTH K. – GARLAK D., *Comparison of three sperm preparation media*, Int J. Fertil Womens Med 1999; 44.
* SIMPSON J. – CARSON S., *Sex determination following embryo biopsy*, In: DE JONGE C. – BARRATT C., *Assisted Reproductive Technology*, Cambridge University Press, Cambridge 2002, pp. 384-396.
* SMITH S. – HOSID S. – SCOTT L., *Use of post-separation sperm parameters to determine the method of choice for sperm preparation for assisted reproductive technology*, Fertility and Sterility 1995; 63.
* SPAGNOLO A. – DI PIETRO M.L., *Terapia genica: il documento 15.2.91 del Comitato nazionale per la Bioetica ed un'analisi comparativa con le esperienze di altri Comitati etici nazionali ed*

internazionali, "Il Diritto di Famiglia e delle Persone", 1992, 21 (2).

* SPAGNOLO A. - SGRECCIA E., *Prelievi di organi e tessuti fetali a scopo di trapianto,* In: BOMPIANI A. -SGRECCIA E., (a cura di), *Trapianti di organo,* Vita e Pensiero, Milano 1989, p. 49ss.

* TETTAMANZI D., *Bioetica, Nuove frontiere per l'uomo,* Piemme, Milano 1990.

* TRUJILLO CARD. A., *Familia,* Verbo Divino, Navarra 2000.

* THOMAS A., *Bioethics,* New Jersey [4]1994.

* VAN DEN ABBEL E. CAMUS M., e altri, *Embryo freezing after intracytoplasmic sperm injection,* Mol Cell Endocrinaol. 2000 Nov 27.

* VAN DEL ELST J., Fertility and Sterility, Centro di Medicina Riproduttiva, Scuola di Medicina e Ospedale Universitario, Belgio 1995.

* Van der KOOY D. - WEISS S., *Why Stem Cells?,* Science 2000, 287.

* WARNOCK A., A National Ethics Committee, (British Medical Journal), 1988, 297.

* WATERSTONE J. – SUMMERS B. – HOSKIMS M. ET AL., *Ovarian hyperstimulation syndrome and deep cerebral venous thrombosis,* Br J Obstet Gynecol 1992; 99.

* WATT HELEN, *"Are there any circumstances in which it would be morally admirable for a woman to seek to have an orphan embryo implanted in her womb?"* In: Issues for a Catholic Bioethics, ed. Luke Gormally (London: The Linacre Centre, 1999), pp. 347-352.

* WILKIE T., *La sfida della conoscenza. Il progetto genoma umano le sue implicazioni,* Cortina, Milano 1995.

* WINSTON R., *The promise of cloning for human medicine,* British Medical Journal 1997, 314.

* WORKING GROUP ON HUMAN GENE THERAPY NIH RECOMBINANT DNA ADVISORY COMMITTEE, *Points to Consider in the Design and Submission of Human Somatic-Cell Gene Therapy Protocols,* In: (Federal Register), vol. 14 (22 – 01 – 1985), pp. 2942-2945.

* ZHANG S. – WERNIG M. – DUNCAN I., *In vitro differentiation of transplantable neural precursors from human embryonic stem cell,* Nat Biotechnol 2001; 19.

INTERNET RESOURCES

LA FECONDAZIONE ARTIFICIALE: COME AVVIENE IL TRATTAMENTO...
Chi siamo. · La fecondazione. naturale. · La fecondazione.
artificiale.
La sterilità femminile. · La sterilità maschile. · I perché della
sterilità....
www.restoincinta.it/fecondnaturale.htm, Roma, 7 giugno 2001.

TECNICHE DI FECONDAZIONE ARTIFICIALE...
La Fecondazione artificiale. Le Tecniche di Fecondazione
artificiale. ... Nell'ambito delle tecniche della Fecondazione
artificiale prenderemo in cosiderazione ...
utenti.fastnet.it/utenti/marinelli/ bioetica/ufatecn.html, Roma,
26 settembre 2001.

LA FECONDAZIONE IN VITRO...
La fecondazione in vitro LE TECNICHE * Gli stadi di sviluppo di
una

cellula uovo fecondata * Le tecniche di fecondazione artificiale ...
www.quipo.it/atosi/scienze/scienze.htm, Roma, 19 marzo 2002.

WEB ORGANON ITALIA – FECONDAZIONE IN VITRO (FIVET)
L'intervento di fecondazione in vitro ... Generalmente, vengono
utilizzati dei sedativi ed un anestetico locale. Preparazione per la
fecondazione in vitro...
www.organon.it/generale/prodotti/fertilita/vitro1.htm , Roma,
2 aprile 2000.

MINISTERO DELLA SANITÀ
Relazione della Commissione di studio dell'utilizzazione di
cellule staminali per finalità terapeutica, 28 dicembre 2000.
(http://www.sanita.interbusiness.it/sanita/bacheca/cellstami/).

DEPARTAMENT OF HEALTH, CHIEF MEDICAL OFFICIER'S EXPERT GROUP,
Stem cell Research: Medical Progress with Responsibility, London,
June 2000 (http://www.doh.qov.uk./ceqc/ stemcellreport.htm).

NATIONAL BIOETHICS ADVISORY COMMISSION, *Ethical Issues in Human
Stem Cell Research*, Rockville (Maryland), September 1999.
(http://bioethics.qov/pubs.html).

PROCREAZIONE: PRIMO STUDIO ITALIANO SU EMBRIONI DIMENTICATI
(ANSA)
SET - Delle oltre 5.000 coppie che in Italia hanno embrioni
congelati, il 75... www.sanihelp.it/tools/ansanews/ scheda.php,
Roma, 14 genaio 2002.

CNNITALIA.IT - FECONDAZIONE, SÌ DELLA CAMERA ALLA LEGGE
a 24 mesi e multe da 600 mila euro. Embrioni congelati. Sparisce
l'adottabilità degli embrioni e toccherà al governo stabilire ...
www.cnnitalia.it/2002/ITALIA/06/19/fecondazione/

IDENTITA E STATUTO DELL'EMBRIONE UMANO
Comitato Nazionale per la Bioetica
PRESIDENZA DEL CONSIGLIO DEI MINISTRI ...
www.palazzochigi.it/bioetica/pdf/ statuto_embrione_umano.pdf,
Roma, 24-11-2003.

IDENTITA' E STATUTO DELL'EMBRIONE
Il Comitato Italiano per la Bioetica Identita' e Statuto
dell'Embrione
umano. Conclusioni. Il Comitato è pervenuto unanimemente a ...
utenti.fastnet.it/utenti/marinelli/ bioetica/cnbemb.html - 5k,
Roma, 12-04-2004.

EMBRIONE
PAOLO II, Evangelium Vitae (n.60); - PONTIFICIA ACADEMIA
PRO VITA, Identità e statuto dell'embrione umano, Città del
Vaticano 1998; PONTIFICIO CONSIGLIO...
www.bioeticacristiana.it/biblio/embrione.htm - 6k, Roma, 5-08-
2001.

EL HOMBRE EN LA ENCRUCIJADA, IN «ECCLESIA»...
Recensione al libro di Pontifica Academia Pro Vita, Identità
e statuto dell'embrione umano, in «Gregorianum» 79 (1998) 598.
1999,
www.unigre.urbe.it/pug/professori/lucas/id10_m.htm - 39k - 2
Dic 2002.

SEATO DELLA REPUBBLICA
Ci riferiamo particolarmente al documento su "Identità e statuto
dell'embrione umano", adottato il 22 giugno 1996 dal Comitato
nazionale di bioetica, la cui...
www.egidiopedrini.org/pagine/disegni_di_legge/coofirmatario/
dirittidelconcepito.php, Roma, 9-07-2000.

MPV DOSSIER MOVIMENTO PER LA VITA ITALIANO dossier - mpv. INDICE TEMATICHE: approfondimento. Embrioni congelati, un processo Un processo per decidere la sorte di alcuni embrionicongelati... http://www.mpv.org/a_16_IT_474_1.html

UNA FINE MIGLIORE PER GLI EMBRIONI CONGELATI Di fronte agli embrioni congelati disponiamo di quattro opzioni (l'adozione è esclusa per legge, oltre che impraticabile): 1) lasciare gli embrioni ... http://www.iava.net/idee/020620r.htm

USA. VERSO UNA CAMPAGNA PER L'**ADOZIONE** DEGLI **EMBRIONI** - ADUC Notizie Anno I - Numero 16 del 23 Agosto 2002, Usa. Verso una campagna per l'**adozione** degli **embrioni**. L'Amministrazione Bush si accinge... staminali.aduc.it/php_newsshow_0_973.html

GAZZETTA UFFICIALE 3.97 E RELATIVE PROROGHE SU GAMETI ED **EMBRIONI** le utilizzazioni di **embrioni** umani a fini industriali o commerciali... utenti.fastnet.it/utenti/marinelli/bioet/GUgameti.htm, Roma, 12 febbraio 2003.

NORMATIVA NAZIONALE ED INTERNAZIONALE I nati, a seguito di **adozione** di **embrioni**, sono figli legittimi della coppia coniugata o figli naturali riconosciuti della coppia convivente... www.cecos.it/html/normativa/, Roma, 22 gennaio 2003.

BIOS – MOVIMENTO PER LA VITA – NEWS Chiediamo ai senatori italiani di reinserire l'**adozione** degli **embrioni** umani abbandonati nella proposta di legge sulla fecondazione artificiale appena... www.bios.bologna.it/Sezioni/News/News0001.htm, Roma, 27 febbraio 2004.

DEDICA

Di solito un'opera letteraria, specialmente un lavoro di questa categoria, con un libello scientifico e culturale difficile da capire e da giudicare, com'è il mondo della Medicina e delle Biotecnologie, dove il ruolo della Bioetica è indispensabile per fare il lavoro di ponte o d'intermediario fra il mondo scientifico e la società.

Dicevo che, di solito un'opera così, sarebbe stata dedicata, magari ad un famoso scientifico, ad un gran moralista o semplicemente ad un impomatante giurista impegnato a difendere e proteggere la vita.

Contro ogni protocollo, voglio dedicare questo libro a due persone fantastiche, di quelle che pur tropo rimangono poche nel mondo, a due persone le quali, con il loro amore hanno dato il massimo al mondo, a due persone che con il suo sacrificio hanno dato al mondo un'infinità di carezze e sorrisi, a due persone semplicemente esemplari, di quelle che già qui sulla terra si sono guadagnati il titolo di "santi". Due persone delle quali, grazie al loro amore sono fioriti undici vite e che con la loro tenerezza e affetto continuano ad essere guide nei nostri passi.

Queste due persone sono i miei Genitori, **OFELIA MERINO E TOMAS ALBERCA**; a loro dedico il mio lavoro e sacrificio, perché lo meritano, nel loro 60º Anniversario di felice vita matrimoniale.

Vostro figlio Francisco.